中国汉江流域生物资源保护与利用研究丛书

丛书总顾问　桂建芳

中国汉江流域
鸟类图鉴

主　编◎段海生　吴春红

华中科技大学出版社
http://press.hust.edu.cn
中国·武汉

内 容 简 介

　　《中国汉江流域鸟类图鉴》是一部介绍汉江流域主要鸟类资源的专著。全书收录了主编团队成员在汉江流域内拍摄的 358 种鸟类的精美照片。书中不仅给出了每种鸟的中文名、英文名和拉丁名，还详细介绍了它们的形态特征、生活习性、居留型以及保护级别等。书末还附有每种鸟的中文名和拉丁名索引，以便读者检索。

　　本书可作为高校生物类专业教学和科研的参考用书，也可供农业、林业、环境和野生动物保护等领域的专业人员使用，亦可作为广大观鸟爱好者观鸟、识鸟的工具书。

图书在版编目（CIP）数据

中国汉江流域鸟类图鉴 / 段海生，吴春红主编 . -- 武汉：华中科技大学出版社，2025. 5. -- ISBN 978-7-5772-1517-4

Ⅰ . Q959.708-64

中国国家版本馆 CIP 数据核字第 2025T5M758 号

中国汉江流域鸟类图鉴　　　　　　　　　　　　　　　　　　　　　　　　　　段海生　吴春红　主编
Zhongguo Hanjiang Liuyu Niaolei Tujian

策划编辑：　罗　伟

责任编辑：　马梦雪　罗　伟

封面设计：　廖亚萍

责任校对：　张会军

责任监印：　周治超

出版发行：　华中科技大学出版社（中国·武汉）　　　电话：(027)81321913
　　　　　　武汉市东湖新技术开发区华工科技园　　　邮编：430223

录　　排：　华中科技大学惠友文印中心

印　　刷：　湖北金港彩印有限公司

开　　本：　889mm×1194mm　1/16

印　　张：　24.5

字　　数：　605 千字

版　　次：　2025 年 5 月第 1 版第 1 次印刷

定　　价：　248.00 元

中国汉江流域鸟类图鉴
编委会

中国汉江流域生物资源保护与利用研究丛书
编审委员会

丛书总顾问：桂建芳

丛书总主编：曾长立　　王青锋　　覃　瑞

丛书编委成员单位（排名不分先后）：

江汉大学

中国科学院武汉植物园

武汉大学

中国农业科学院油料作物研究所

华中师范大学

中南民族大学

湖北大学

长江大学

湖北医药学院

陕西理工大学

汉江师范学院

湖北省汉江流域特色生物资源保护开发与利用工程技术研究中心

襄阳市自然资源和城乡建设局

湖北赛武当国家级自然保护区管理局

湖北五道峡国家级自然保护区管理局

湖北南河国家级自然保护区管理局

宁强县林业局

宁强县秦巴生态保护中心

襄阳汉江国家湿地公园管理处

谷城汉江国家湿地公园管理处

武汉市蔡甸区沉湖湿地自然保护区管理局

武汉市湿地保护中心

钟祥大口国家森林公园

钟祥鸡鸣寺林场

湖北省水生植物产业技术研究院

湖北秀湖植物园有限公司

序 言

2021年12月11日，我应邀参加江汉大学生命科学学院"中国汉江流域生物资源研究系列丛书"编写启动会，其中给我印象深刻的是关于《中国汉江流域鸟类图鉴》的编写情况介绍，当时我曾预言，这本图鉴可能是该系列丛书中的一个亮点。短短几年时间过去了，这本装帧精美、内容翔实的图鉴样书就呈现在我的面前，在惊讶之余，我更为主编团队的专业素养、敬业精神和高效的工作作风所折服。

汉江发源于秦岭南麓陕西省宁强县嶓冢山，干流流经陕西、湖北两省，经汉口龙王庙入长江。汉江流域面积15.9万平方千米，水资源、耕地资源和生物资源十分丰富。然而，令人遗憾的是，由于多年来各种自然和人为因素的叠加影响，汉江流域的生物资源并未得到充分的开发、保护和利用，许多珍稀物种面临着灭绝的威胁，生物多样性受到了一定程度的破坏。《中国汉江流域鸟类图鉴》的出版，从某种意义上来说，具有里程碑式的意义，它不仅填补了地域性鸟类资源调查的空白，也为深入研究汉江流域的生物多样性提供了宝贵的借鉴与参考。

据我所知，江汉大学生命科学学院有一支长期从事野外动物资源调查的科研团队，几十年来，他们将教学实习工作和科研工作紧密结合，积累了丰富的野外考察经验，采集了大量的生物标本，拍摄了许多珍贵的野生动物照片。本书的出版，正是他们长期野外科研工作成果的集中体现，也是他们为汉江流域生物多样性保护做出的一项重要贡献。

《中国汉江流域鸟类图鉴》历经五年的精心策划与编纂，终于得以问世。这五年间，主编团队深入汉江流域的广袤天地，拍摄了数十万张鸟类照片，观察并记录了近500种鸟类。本书精选了其中358种鸟类的上千幅精美照片，并从形态特征、生活习性、居留型以及保护级别等维度，进行了详尽而深入的介绍。其中，包括8种中国特有鸟类，14种国家一级保护鸟类，65种国家二级保护鸟类。

《中国汉江流域鸟类图鉴》不仅是一本适用于汉江流域内野外鸟类资源观察与调查的实用工具书，也可作为高校生物类专业教学与科研的参考用书。

作为长期致力于动物学研究的同仁，我在此衷心祝贺《中国汉江流域鸟类图鉴》的成功出版，并热切期望能唤起更多人对汉江流域生物多样性保护工作的关注。鸟类是健康环境的重要指标，保护鸟类是衡量一个国家、一个民族文明程度的重要标志。加强对汉江流域生物多样性的研究，充分保护并合理利用这些珍贵的生物资源，不仅是贯彻近平生态文明思想的具体行动，更是对全球湿地保护的有力实践，是对在武汉举行的《湿地公约》第十四届缔约方大会"珍爱湿地，人与自然和谐共生"主题的深刻诠释，也是每一位公民义不容辞的职责。

中国科学院院士
中国科学院水生生物研究所研究员

前 言

汉江，这条发源于秦岭南麓的古老河流，不仅滋养了流域内 15.9 万平方千米的万千生灵，更承载了中华文明的深厚底蕴。作为高校科研工作者，除了充满对汉江流域鸟类资源的好奇、热爱和敬畏之外，更有责任和义务去研究、保护这一宝贵的自然资源。

《中国汉江流域鸟类图鉴》的编写，正是基于这样的初心与使命。五年来，我们团队成员的足迹遍布流域内的高山密林、江河湖泊和田野乡村，观察记录了近 500 种鸟类，实地拍摄了大量珍贵照片。这些照片不仅形象地展现了各种鸟类鲜明的形态特征，同时也生动地反映了它们在自然环境中的生存状态，让我们对汉江流域的生物多样性有了更加深入的了解。本书选取了汉江流域内 358 种鸟类的照片，其中中国特有鸟类有白冠长尾雉（*Symaticus reevesii*）、红腹锦鸡（*Chrysolophus pictus*）、灰胸竹鸡（*Bambusicola thoracica*）、山鹪莺（*Prinia striata*）、银喉长尾山雀（*Aegithalos glaucogularis*）、银脸长尾山雀（*Aegithalos fuliginosus*）、橙翅噪鹛（*Trochalopteron elliotii*）、乌鸫（*Turdus mandarinus*）8 种，国家一级保护鸟类有白冠长尾雉（*Symaticus reevesii*）、中华秋沙鸭（*Mergus squamatus*）、青头潜鸭（*Aythya baeri*）、白鹤（*Leucogeranus leucogeranus*）、白枕鹤（*Antigone vipio*）、白头鹤（*Grus monacha*）、黑鹳（*Ciconia nigra*）、东方白鹳（*Ciconia boyciana*）、朱鹮（*Nipponia Nippon*）、彩鹮（*Plegadis falcinellus*）、卷羽鹈鹕（*Pelecanus crispus*）、金雕（*Aquila chrysaetos*）、白尾海雕（*Haliaeetus albicilla*）、黄胸鹀（*Emberiza aureola*）14 种，国家二级保护鸟类有 65 种。本书采用郑光美《中国鸟类分类与分布名录》（第四版）分类系统，358 种鸟类分属 19 个目 71 个科。

《中国汉江流域鸟类图鉴》的出版，是湖北省汉江流域特色生物资源保护开发与利用工程技术研究中心对汉江流域的又一重要贡献。该书图文并茂，文字描述简明准确，鸟类照片清晰易辨，不失为一本实用的观鸟、识鸟工具书，亦可作为高校生物类专业教学和科研的参考用书。

我们深知，本书的出版，只是汉江流域鸟类资源研究的开始，而非终点。它填补了地域性鸟类资源调查的空白，为深入研究汉江流域的生物多样性提供了有益的借鉴与参考。同时，我们也清楚地认识到，汉江流域的生物资源仍然面临着诸多挑战，如环境污染、生态破坏、濒危物种灭绝等。因此，我们希望通过这部图鉴的出版，能够唤起更多人对汉江流域生物资源的关注与保护意识，让这片古老的土地焕发出更加绚烂的光彩，共同为推进美丽中国建设、实现人与自然和谐共生贡献自己的力量。

在本书的编写过程中，我们得到了众多单位和个人的大力支持与帮助。保康县林业局、南漳县林业局、武汉市蔡甸区沉湖湿地自然保护区管理局、黄石市网湖湿地自然保护区管理局、武汉市观鸟协会等单位和团体，为我们提供了丰富的调查资源和宝贵的专业建议。江汉大学生命科学学院、湖北省汉江流域特色生物资源保护开发与利用工程技术研究中心为本书的顺利出版提供了坚实的保障。

在此，还要感谢为本书付出辛勤劳动的所有团队成员，多少个酷暑寒冬，我们一起走过。刘德山先生，为本书提供了大量的珍贵照片，遗憾的是在本书付梓之时，他已离世，未能看到本书的出版发行。

最后，我们还要衷心感谢雷进宇、颜军、陶旭东三位专家对本书的审稿和悉心指导。

由于水平所限，书中难免存在不妥甚至错误之处，我们真诚地期待各位专家、读者批评指正。

编 者

\ 鸟类基础知识 \

一、鸟类外部形态结构示意图

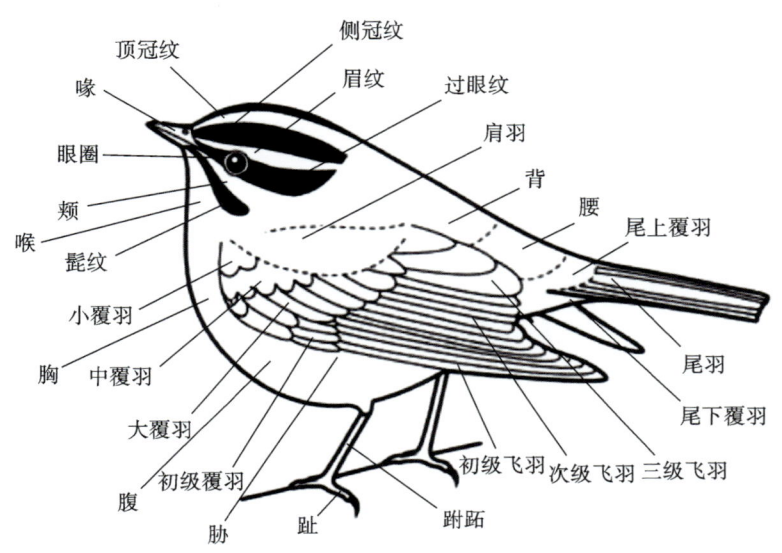

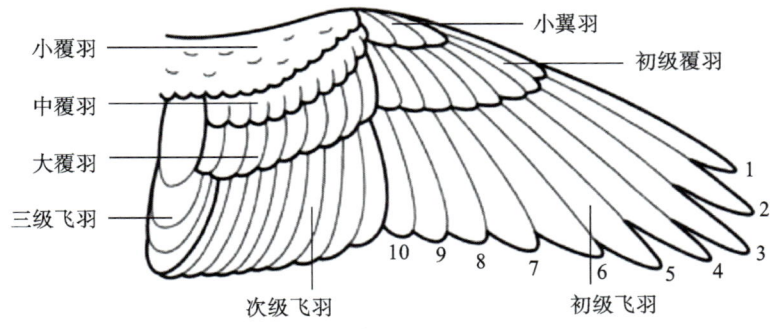

二、常见鸟类名词

1. **繁殖羽** 鸟类在繁殖期特有的羽色，一般较鲜艳，尤其是雄性具有漂亮的饰羽。

2. **非繁殖羽** 鸟类在非繁殖期的羽色，通常比较暗淡。

3. **顶冠纹** 头顶正中间区别于其他部位颜色的一条纹状羽色。

4. **侧冠纹** 眉纹以上头冠两侧的条状羽色。

5. **眉纹** 鸟类眼眶以上与周围颜色不同的条状纹羽色。

6. **眼圈** 眼睛周围的羽色，有些鸟类是裸皮，通常呈浅色。

7. **过眼纹** 也称贯眼纹，穿过眼睛的条状纹。

8. 眼先　眼睛和喙之间的裸露区域。

9. 蜡膜　鸠鸽类、鹦鹉类和猛禽等鸟类鼻孔周围的裸皮。

10. 耳羽　外耳孔周围的羽毛。

11. 颏　下喙下方、喉上方的区域。

12. 肩羽　鸟类停栖时在合拢翅膀面上侧的一列羽毛。

13. 上背　背部上侧的羽毛，翅膀合拢时不被遮挡的区域。

14. 胁　鸟类身体腹部两侧的区域。

15. 正羽　又称翮羽，由羽轴和羽片构成。

16. 绒羽　又称翩羽，呈花絮状，无羽干，羽根短，羽支柔软。

17. 纤羽　又称毛状羽，似毛发。

18. 须　多在喙缘、眼周分布的变形的羽毛。

19. 初级飞羽　着生在腕骨、掌骨和指骨上的一列飞羽，通常 9~12 枚。

20. 翼指　鸟类飞翔时可见到外侧飞羽突出的部分，好像人的手指，猛禽可通过翼指来区别种类。

21. 次级飞羽　着生在尺骨上的飞羽，通常 10~20 枚。

22. 三级飞羽　翅膀内侧最靠近身体的一列飞羽。

23. 翅斑　翅膀上面排成条状的，与周围颜色不同的区域。

24. 小翼羽　鸟类第一枚指骨上生长的短小而坚韧的羽毛，在飞行中打开可以起到增大阻力的作用。

25. 翼镜　鸟类的次级飞羽以及邻近的大覆羽常具金属光泽，与其他飞羽和覆羽的颜色不同，常出现在鸭雁类鸟中。

26. 尾羽　长在尾综骨的正羽，通常 10 枚或 12 枚。

27. 尾下覆羽　尾羽下侧覆盖的羽毛。

28. 尾上覆羽　尾羽背侧覆盖的羽毛。

29. 臀部　尾羽下方的区域。

30. 跗跖　由部分跗骨和部分距骨愈合并延长而成，通常不被羽，表皮角质化，呈鳞片状。

31. 距　跗跖上生长的骨质突起，常出现于雄性鸡形目鸟类中。

32. 白化　鸟类黑色素合成缺陷导致的羽色异常现象，通常体羽全部白色，虹膜红色。

33. 白变　鸟类缺乏色素导致的羽色异常现象，可能全部或部分体羽白色，但虹膜颜色正常。

34. 暗色型　鸟类黑色素表达增多，部分或者全部羽色过于发黑的现象。

35. 色型　因为遗传差异，同种鸟类不同成年个体具有不同的羽色类型。

36. 性二型　同一个鸟种成年雄性和雌性体型大小或者羽色显著不同的现象。

37. 偶见鸟　一个地区不常出现的鸟种。

38. 留鸟　一个地区一年四季停留的鸟种，不做长距离迁徙。

39. 夏候鸟　一个地区仅在夏季出现的繁殖鸟种。

40. 冬候鸟　一个地区仅在冬季出现的鸟种。

41. 旅鸟　一个地区仅在春秋迁徙季节经过的鸟种，既不繁殖也不越冬。

42. 迷鸟　偏离正常分布区域的鸟类，一般是受特殊气候环境影响或缺乏迁徙经验所致。

43. 逃逸鸟　非正常分布地出现的饲养、交易运输或放生的鸟。

44. 迁徙　鸟类有规律地进行季节性迁移，包括经纬度上的和海拔上的迁移。

45. **特有物种** 仅在一个国家或者地区分布的物种。

46. **雏鸟** 鸟类出壳后尚未换上正羽的阶段，全身几乎裸露（晚成鸟）或仅具密绒羽（早成鸟）。

47. **幼鸟** 雏鸟首次换上正羽（稚羽）后至首次换羽（稚后换羽）前的阶段，无繁殖能力。

48. **亚成鸟** 幼鸟在首次换羽之后至换上成羽之前的过渡阶段，无繁殖能力，通常维持数周到数年。有些类群，如猛禽、鸥类，常常要经历数年的亚成鸟阶段，每一年亚成鸟的羽色都不同。

49. **未成年鸟** 包括幼鸟和亚成鸟。

50. **成鸟** 具备繁殖能力且羽色基本稳定的鸟类。

三、鸟类观测指南

鸟类观测是指借助一定的设备，在野外自然环境下，对鸟类形态特征、生活习性等生存要素进行观察和记录的一种活动。

（一）鸟类观测所需要的器材装备

单纯的休闲娱乐所使用的设备可简可繁，简单的一部双筒望远镜即可，复杂的要根据鸟类所处环境配备单筒望远镜、照相机（红外相机）、录音设备。鸟类观测除需要以上设备外，还需要配备定位设备、计数仪器、微型卫星定位设备等。

1. **望远镜** 主要分为单筒望远镜和双筒望远镜。双筒望远镜较轻便，一般手持，放大倍数在 8 ~ 12 倍之间，口径为 20 ~ 50 mm，多用于中等距离的鸟类观察，使用方便灵活。单筒望远镜放大倍数为 25 ~ 75 倍，口径为 60 ~ 100 mm，视野比双筒望远镜小，重量较双筒望远镜大，需要用三脚架固定支撑，但是放大倍数大，适合于观察距离较远和运动频率较低的鸟，比如河滩上觅食的鸟类。

2. **照相机** 野外无法辨识或异常的鸟类，可以用照相机拍摄进行辅助观察。为了能清晰拍摄鸟类特征，照相机需要配备长焦镜头。进行科学研究时可以用红外相机监测鸟类的日常活动。

3. **录音设备** 鸟类的鸣声是鸟类辨识的一个重要特征，可以用专业的录音设备，如录音笔等清晰记录鸣声特征，也可以用手机中的录音软件记录。

4. **定位设备** 常用的有手机 APP 或 GPS，主要用于记录鸟类观测区域的位置信息，也可用于设置长期监测固定样线或样点。

5. **微型卫星定位设备** 主要用于鸟类迁徙路线的记录与分析。

（二）鸟类识别方法

野外鸟类识别以形态特征为主，可辅以鸣声、季节和生境等信息进行综合分析。

1. **形态特征之体型** 通俗一点说野外看到鸟首先区分大小，可以与常见的鸟类进行比较，如比麻雀大。或者用不同部位的比例区分，如尾长于身体。

2. **形态特征之羽色** 鸟类的羽色各异，其不仅是鸟种之间的区别特征，还可用于区分鸟类雌雄、成幼、健康状况等。羽色的描述首先要熟悉鸟类的身体部位，在观察时要注意各部位的颜色分布情况，尤其是头、翅、胸、腰等部位颜色及斑纹特征。其次要注意区分季节差异，如繁殖羽与非繁殖羽的差别。

3. **形态特征之行为** 野外鸟类的行为也是一个重要的辨识特征。有些鸟类喜欢穿梭于茂盛的灌丛，有些鸟类喜欢在高高的林冠层跳跃，普通䴓喜欢头向下绕着树干觅食等，这些都可以帮助我们进行鸟类识别。

4. **鸣声** 鸟类的鸣声分为鸣叫和鸣唱。鸣叫一般较间断，用于联络、警戒；鸣唱较婉转多变，一般在繁殖季节用于求偶、炫耀或保卫领域。鸣唱多见于雀形目，其他鸟类以鸣叫为主。另外，鸟类的鸣叫还存在地区差异，就像方言一样。

5. **季节** 有些鸟类有迁徙习性，所以在不同地区、不同季节，迁徙鸟类出现的情况不同，如汉江流域是众多雁鸭类的越冬地，夏季雁鸭类就比较少见。另外部分鸟类属于沿海拔迁徙，如黄腹山雀冬季在湖北低海拔地区活动，夏季则到本区域高海拔地区繁殖。

6. **生境** 生境是鸟类生存的一系列生态环境，包括其栖息、繁殖和觅食等各项行为发生的场所。不同鸟类的生境不同，使得不同生境下的鸟类种类有差异，了解鸟类与环境的关系对于识别鸟类有辅助作用。比如小天鹅喜开阔水域，在山间溪流就不太可能出现。

（三）鸟类观测注意事项

（1）不干扰、引诱、驱赶、捕捉野鸟，发现鸟类繁殖地、鸟巢和重要取食地须保持适当观赏距离，以免干扰繁殖中鸟类的行为。

（2）请尊重鸟类的生存权，不要采集鸟蛋和破坏鸟巢。

（3）观察、摄影、录音时请勿妨害野鸟正常的生活。

（4）注意团体观鸟人数不宜过多，以免破坏环境以及干扰野鸟。

（5）参与观鸟活动，请勿大声喧哗，避免穿着色彩艳丽的服装。

（6）野外观鸟请将垃圾带回到有垃圾处理能力的地方，尤其是塑料垃圾。

（7）在马路边或水边等危险地段观鸟不要只顾看鸟而忽视自身的安全。

本书使用说明

物种分类地位（目、科）——————

鸡形目 GALLIFORMES   雉科 Phasianidae

物种中文名 ——————— **红腹角雉**

英文名	拉丁名	居留型	保护级别	IUCN
Temminck's Tragopan	*Tragopan temminckii*	留	国家二级	LC

鸟的主要辨识要点 ———————

【形态特征】体型大，雌雄异色。喙黑色；虹膜褐色。雄鸟（65～70 cm）：头顶眼先等部位黑色，眼后有金色条纹；脸颊有蓝色裸皮；生有可膨胀的喉垂及肉质角；体羽红色，上体多带黑色外缘的白色小圆点，下体带灰白色椭圆形圆点。雌鸟（55～60 cm）：较小，具棕色杂斑；下体有大块白色点斑；尾羽短。跗跖及趾粉色至红色。

该物种的栖息环境、食性、——————
繁殖等习性描述

【生活习性】栖息于海拔 2000～3900 米林下地带，冬季会下降至海拔 1000 m 处越冬。常单个或家族行动，夜栖于枝头。雄鸟炫耀时膨胀喉垂并竖起蓝色肉质角，喉垂完全膨起时有蓝红色图案。

物种英文名
物种拉丁名
居留型：包括留（留鸟）、冬（冬候鸟）、夏（夏候鸟）、旅（旅鸟）、迷（迷鸟）
保护级别：包括国家一级、国家二级、列入"三有"野生动物名录
IUCN：为被《世界自然保护联盟（IUCN）濒危物种红色名录》收录的物种，包括极危（CR）、濒危（EN）、易危（VU）、近危（NT）、无危（LC）

图片信息（含鸟类性别差异、——————
成幼差异等）及拍摄者

（左上图雌 段海生；右上图雄 王晓谦 下图雄 郝江）

\ 目 录 \

目录

目录

目录

红腹角雉

英文名	拉丁名	居留型	保护级别	IUCN
Temminck's Tragopan	*Tragopan temminckii*	留	国家二级	LC

【形态特征】　体型大，雌雄异色。喙黑色；虹膜褐色。雄鸟（65～70 cm）：头顶眼先等部位黑色，眼后有金色条纹；脸颊有蓝色裸皮；生有可膨胀的喉垂及肉质角；体羽红色，上体多有带黑色外缘的白色小圆点，下体带灰白色椭圆形圆点。雌鸟（55～60 cm）：较小，具棕色杂斑；下体有大块白色点斑；尾羽短。跗跖及趾粉色至红色。

【生活习性】　栖息于海拔 2000～3900 m 林下地带，冬季会下降至海拔 1000 m 处越冬。常单个或家族行动，夜栖于枝头。雄鸟炫耀时膨胀喉垂并竖起蓝色肉质角，喉垂完全膨起时有蓝红色图案。

（左上图雌　段海生；右上图雄　王晓谦；下图雄　郝江）

白冠长尾雉

英文名	拉丁名	居留型	保护级别	IUCN
Reeves's Pheasant	*Syrmaticus reevesii*	留	国家一级	VU

【形态特征】 体型较大，雌雄异色。雄鸟（140～190 cm）：喙角质色；头顶白色；虹膜褐色；眼周裸皮红色，具从眼先延伸至枕部的宽黑条带；颈环白色；上体金黄色且具黑色羽缘，呈鳞状；翼上覆羽白色，具宽的栗色羽端；胸部及两胁呈深栗色，微露白色和黑斑；腹中部黑色；尾下覆羽黑褐色，尾羽具横斑，中央2对最长。雌鸟（56～70 cm）：喙色浅，喙峰淡绿色；头顶及后颈大部分栗褐色；眼后有棕色斑块；颈部黄色；体羽呈"V"形斑，尾较雄鸟短。跗跖及趾灰色。

【生活习性】 喜活动于山地森林区，善奔跑，机警而安静，飞行能力较强。

（左上图雌 吴春红；右上图雄 吴春红；下图雌雄 郝江）

红腹锦鸡

英文名	拉丁名	居留型	保护级别	IUCN
Golden Pheasant	*Chrysolophus pictus*	留	国家二级	LC

【形态特征】 体型中等，雌雄异色。雄鸟（86～100 cm）：体型显小但修长；喙黄绿色，虹膜黄色；头顶为耀眼的金色丝状羽；枕部披风为金色并具黑色条纹；上背金属绿色；胸腹部红色；翼为金属蓝色；尾长而弯曲，中央尾羽棕色而具黑斑，其余部位黄褐色。雌鸟（59～70 cm）：整体黄褐色；上体密布黑色带斑；下体淡皮黄色；尾羽短，具横纹。跗跖及趾橙黄色。

【生活习性】 单独或成小群活动，喜有矮树的山坡及次生的亚热带阔叶林及落叶阔叶林，秋冬季常集成大群。

（左上图雌 吴春红；右上图雄 颜昌军；下图雄 吴春红）

环颈雉

英文名	拉丁名	居留型	保护级别	IUCN
Common Pheasant	*Phasianus colchicus*	留	三有	LC

【形态特征】 体型中等，雌雄异色。雄鸟（80～100 cm）：喙角质色；头颈部墨绿色，具金属光泽；虹膜黄色；眼周具宽大红色肉垂；有显眼的耳羽簇；有白色颈圈；身体披金挂彩，满身点缀着发光羽毛，从墨绿色至铜色再至金色；腰部灰色；尾长而尖，褐色并带黑色横纹。雌鸟（57～65 cm）：颜色暗淡；眼周具白圈；周身密布浅褐色斑纹；尾羽较短。跗跖及趾灰色。

【生活习性】 雄鸟单独或成小群活动，雌鸟与其雏鸟偶尔与其他鸟合群。栖息于不同高度的开阔林地、灌丛及农耕地。

（左上图雌 吴春红；右上图雄 吴春红；左下图雌雄 喻晓安；右下图巢、卵 吴春红）

灰胸竹鸡

英文名	拉丁名	居留型	保护级别	IUCN
Chinese Bamboo-Partridge	*Bambusicola thoracica*	留	三有	LC

【形态特征】 体型中等（30～36 cm），整体红棕色。喙黑褐色；虹膜深褐色；从额部向后形成蓝灰色眉纹，并向后延伸至颈部；头顶棕褐色；脸、喉棕红色；咽部呈蓝灰色；上胸具棕红色条带，形成明显对比；上背、胸侧及两胁有月牙形的大块褐斑；尾羽外侧栗色，飞行时翼下有两块白斑。跗跖及趾灰绿色。

【生活习性】 以家庭群栖居，活动于中低海拔干燥的矮树丛、竹林灌丛，叫声较为独特。

（左上图成、幼 刘德山；右上图 刘德山；下图 刘德山）

鹌鹑

英文名	拉丁名	居留型	保护级别	IUCN
Japanese Quail	*Coturnix japonica*	冬	三有	LC

【形态特征】 体型小（15～20 cm），整体褐色。喙黑色；虹膜红褐色。雄鸟繁殖羽有黄白色的顶冠纹和眉纹，侧冠纹棕褐色；喉、颊、脸部栗褐色；背部和短的尾羽赤褐色并有黑、黄、白色杂斑；胸腹部浅棕色并有黄色斑纹。雌鸟有白色眉纹；有白色下颊纹和喉；顶冠纹白色，侧冠纹棕褐色。跗跖及趾肉色。

【生活习性】 居于开阔的草原、平原、农田。雄鸟有争斗习性。

（左上图雌 段海生；右上图雌 段海生；下图雌 段海生）

小天鹅

英文名	拉丁名	居留型	保护级别	IUCN
Tundra Swan	*Cygnus columbianus*	冬	国家二级	LC

【形态特征】 体型大（115～150 cm），整体白色。头圆；喙黑色，喙基部梯形黄色不过鼻孔；虹膜褐色，整体羽色呈白色。跗跖及趾黑色，幼鸟全身灰褐色，喙基部粉红色，喙前端黑色。

【生活习性】 喜植物茂盛的宽阔水域，集群活动，与其他雁类混群，飞行时颈部挺直。

（左上图 颜昌军；右上图亚成鸟 刘德山；下图 颜昌军）

斑头雁

英文名	拉丁名	居留型	保护级别	IUCN
Bar-headed Goose	*Anser indicus*	冬、旅	三有	LC

【形态特征】 体型略小（62 ～ 85 cm），整体白黑色。头圆；喙黄色，末端黑色；虹膜褐色；头白而头后有两道黑色条纹；喉部白色延伸至颈侧，其余灰黑色；胸腹、背部及两翼呈浅灰色；飞行时两翼初级飞羽后缘色暗。跗跖及趾橙黄色。

【生活习性】 集群生活，能生存于寒冷荒漠、盐碱湖泊，越冬于淡水湖泊。

（左上图 王晓谦；右上图 吴春红；下图 吴春红）

灰雁

英文名	拉丁名	居留型	保护级别	IUCN
Greylag Goose	*Anser anser*	冬	三有	LC

【形态特征】 体型大（76～89 cm），整体灰褐色。头圆；虹膜褐色；具粉红色的喙，喙基无白色；上体体羽灰色而羽缘白色，形成扇贝形图纹；胸浅烟褐色；尾上及尾下覆羽均白色；飞行中浅色的翼前区与飞羽的暗色形成对比。跗跖及趾粉色。

【生活习性】 成群活动于湖泊，站在浅水或水中倒立取食，较少在陆地觅食。

（左上图　喻晓安；右上图　刘德山；下图　吴春红）

鸿雁

英文名	拉丁名	居留型	保护级别	IUCN
Swan Goose	*Anser cygnoides*	冬	国家二级	EN

【形态特征】 体型大（80～94 cm），整体白褐色。头顶较平；喙黑而长；虹膜黑色；黑且长的喙与前额成一直线；喙基有一道狭窄白线环绕；头顶及颈背红褐色，前颈白色与后颈形成明显界线；上体灰褐色但羽缘皮黄色；飞羽黑色；臀部近白色。跗跖及趾粉红色。

【生活习性】 成群栖息于湖泊，并在附近的草地及农田取食。

（左上图 段海生；右上图 王晓谦；下图 段海生）

豆雁

英文名	拉丁名	居留型	保护级别	IUCN
Bean Goose	*Anser fabalis*	冬	三有	LC

【形态特征】 体型大（70～89 cm），整体灰褐色。头较扁；喙黑色，较长（似鸿雁），具橘黄色斑块；虹膜暗棕色；上体灰褐色或棕褐色；下体污白色。跗跖及趾橘黄色。

【生活习性】 成群活动于近湖泊的沼泽地带及稻田，多在早晨和下午觅食，中午多在湖中水面或岸边沙滩上休息。

（左上图 段海生；右上图 王晓谦；下图 段海生）

短嘴豆雁

英文名	拉丁名	居留型	保护级别	IUCN
Tundra Bean Goose	*Anser serrirostris*	冬	三有	LC

【形态特征】 体型大（66～89 cm），整体灰褐色。头较圆；喙黑色，较短，近末端有黄色斑块；喙基厚，下喙向外歪曲，似白额雁；虹膜暗棕色；颈部较豆雁短；背和翼上覆羽深灰褐色，羽端白色，形成白色细横纹；飞羽灰褐色；胸淡棕色，至腹部色渐浅，两胁具有灰褐色横斑；尾上和尾下覆羽白色；尾羽黑褐色，末端白色。跗跖及趾橘黄色。

【生活习性】 成群活动于近湖泊的沼泽地带及稻田，多在早晨和下午觅食，中午多在湖中水面或岸边沙滩上休息。

（左上图 王晓谦；右上图 王晓谦；下图 段海生）

小白额雁

英文名	拉丁名	居留型	保护级别	IUCN
Lesser White-fronted Goose	*Anser erythropus*	冬	国家二级	VU

【形态特征】 体型中等（56～66 cm），整体灰褐色。喙粉色，较短；额前具三角形白斑且延伸环绕喙基；眼圈金黄色；虹膜深褐色；前额较白额雁陡；腹部具黑斑；停歇时翅尖超过尾尖。跗跖及趾橙色。

【生活习性】 集群于宽阔水域附近的草地觅食，飞行时振动频率较高。

（左上图 王晓谦；右上图 王晓谦；下图 颜军）

鹊鸭

英文名	拉丁名	居留型	保护级别	IUCN
Common Goldeneye	*Bucephala clangula*	冬	三有	LC

【形态特征】 体型中等（40～48 cm），雌雄相近。雄鸟：喙黑色，喙基有大型白色圆点；头大而高耸，头顶较尖，头部羽毛呈绿色；眼金色；胸腹白色；初级覆羽绿色，初级飞羽黑色、羽轴白色，中覆羽到次级飞羽白色。雌鸟：喙黑色，喙尖有一黄色点；头部为棕褐色；虹膜黄色；身体羽毛多烟灰色，具近白色扇贝形纹；具狭窄白色前颈环。跗跖及趾黄色。

【生活习性】 繁殖于乔木环绕的湿地环境，越冬于各类沼泽、湖泊、池塘、浅海等水域。

（左上图雌 段海生；右上图雄 王晓谦；下图雄 段海生）

斑头秋沙鸭

英文名	拉丁名	居留型	保护级别	IUCN
Smew	*Mergellus albellus*	冬	国家二级	LC

【形态特征】 体型较小（38～44 cm），雌雄异色。雄鸟：体色呈现黑白相间的颜色，体羽多白色；喙黑色；虹膜褐色；眼罩、后枕、上背、初级飞羽及胸侧的狭窄条纹为黑色；体侧具灰色蠕虫状细纹。雌鸟及非繁殖羽雄鸟眼周近黑色，额、顶及枕部栗色；上体灰色，具两道白色翼斑，下体白色。跗跖及趾灰色。

【生活习性】 繁殖于湖泊、河流、林间沼泽等环境，越冬于各类开阔水域，海洋环境少见。

（左上图雄 傅伟；右上图雌 傅伟；下图雌雄 傅伟）

普通秋沙鸭

英文名	拉丁名	居留型	保护级别	IUCN
Common Merganser	*Mergus merganser*	冬	三有	LC

【形态特征】 体型较大（52～68 cm），雌雄相近，喙红色，细长，尖端具钩；虹膜褐色。雄鸟头颈部羽毛呈绿色光泽，雌鸟呈红褐色，头颈着色部分和白色部分界线分明；雄鸟身体羽毛黑白分明，背部有绿色羽毛，雌鸟则有较多灰色斑纹；飞行时两翼初级覆羽及飞羽黑色，其余羽毛白色。跗跖及趾红色。

【生活习性】 栖息于河口、湖泊等湿地，和其他鸭类混群，潜水捕食鱼类。

（左上图雌 王晓谦；右上图雄 王晓谦；下图雌 王晓谦）

中华秋沙鸭

英文名	拉丁名	居留型	保护级别	IUCN
Chinese Merganser	*Mergus squamatus*	冬	国家一级	EN

【形态特征】 体型较大（49～64 cm），雌雄异色。雄鸟：具长而窄、近红色的喙，较平直，其尖端具钩；黑色的头部具明显的羽冠；胸部白色；两胁羽片白色而羽缘及羽轴黑色形成特征性鳞状纹。雌鸟：色暗而多灰色；具明显棕黄色羽冠；颏与颈部同为棕黄色；两胁具明显鳞状斑。跗跖及趾橘红色。

【生活习性】 喜湍急且较开阔河流，有时在开阔湖泊，成对或以家庭为群，潜水捕食鱼类。

（左上图雄 段海生；右上图雌 段海生；下图雌雄 涂文波）

翘鼻麻鸭

英文名	拉丁名	居留型	保护级别	IUCN
Common Shelduck	*Tadorna tadorna*	冬	三有	LC

【形态特征】 体型较大（55～65 cm），雌雄近色。雄鸟：前额甲有明显的瘤状突起；胸部栗色环带中间有一条黑褐色纵带向后经腹部一直延伸至肛周，是雌雄个体的主要鉴别点；喙及额甲红色；虹膜棕褐色或褐色；头和上颈黑褐色，具绿色光泽；下颈、背、腰、尾下覆羽和尾羽全白色，尾羽具黑色横斑；肩羽和初级飞羽黑褐色，次级飞羽外翈金属绿色，在翅上形成明显的绿色翼镜，三级飞羽栗色，翼上覆羽白色。跗跖及趾红色。

【生活习性】 栖息于沼泽、开阔的湖泊，冬季居于泥滩及浅水区域，喜河口、海滩等地。

（左上图雌雄 傅伟；右上、右下图雌 颜昌军；下图 王晓谦）

赤麻鸭

英文名	拉丁名	居留型	保护级别	IUCN
Ruddy Shelduck	*Tadorna ferruginea*	冬、旅	三有	LC

【形态特征】 体型较大（58 ～ 70 cm），整体栗黄色。头黄色；脸部色浅；虹膜褐色；喙近黑色。雄鸟夏季有狭窄的黑色颈圈；飞行时白色的翼上覆羽及铜绿色翼镜明显可见；尾黑色。跗跖及趾黑色。

【生活习性】 多见于内地湖泊及河流，觅食于浅滩、草地。

（左上图雌雄 段海生；右上图雌 杜淑兰；下图雌雄 段海生）

棉凫

英文名	拉丁名	居留型	保护级别	IUCN
Cotton Pygmy Goose	*Nettapus coromandelianus*	夏	国家二级	LC

【形态特征】 体型较小（31～38 cm），雌雄异色。雄鸟：整体由深绿色和白色构成；头顶略平；虹膜红色；喙黑灰色；头顶、颈带、背、两翼及尾呈墨绿色，其他部位近白色；飞行时带状白色翼斑明显。雌鸟：头顶棕褐色；喙褐色，虹膜近黑色；有暗褐色过眼纹；无明显颈带；胸部及两胁具浅棕色斑；背及两翼棕褐色，其余部位乌白色；飞行时无白色翼斑。跗跖及趾灰色。

【生活习性】 常活动于多水草的池塘、河道或稻田，营巢于树洞或高架桥洞，常栖息于高树。

（左上图雌雄 王晓谦；右上图雄 刘德山；下图雌雄 刘德山）

鸳鸯

英文名	拉丁名	居留型	保护级别	IUCN
Mandarin Duck	*Aix galericulata*	夏、冬	国家二级	LC

【形态特征】 体型较小（41～51 cm），雌雄异色。雄鸟：喙红色；眼后有宽阔的白色眉纹；颈部金棕色；翅上有一对直立的棕黄色炫耀性"帆状饰羽"，臀部白色。雌鸟：羽色整体灰褐色；喙灰色；具白色眼圈及眼后白线；两胁具近圆形浅色斑。雄鸟的非繁殖羽色似雌鸟，但喙为红色。跗跖及趾橙黄色。

【生活习性】 常活动于多林木的溪流，冬季集群活动于宽阔水面，于树上洞穴或河岸筑巢，也在树上休息。

（左上图雌雄 吴春红；右上图雌雄 王晓谦；右下图雌 吴春红；下图雌雄 吴春红）

赤嘴潜鸭

英文名	拉丁名	居留型	保护级别	IUCN
Red-crested Pochard	*Netta rufina*	冬	三有	LC

【形态特征】 我国体型最大的潜鸭（53～57 cm），雌雄异色。雄鸟：喙红色；虹膜红褐色；头大而圆，羽毛蓬松，棕褐色；颈部到胸部黑色；背部羽毛褐色；腹部羽毛白色；两胁有褐色短横纹；尾部羽毛黑色；跗跖及趾粉红色。雌鸟：喙黑色，喙尖有粉色斑；虹膜红褐色；从额到枕到颈后褐色；脸颊到喉部浅灰色；体色以褐色为主；尾上覆羽深褐色，尾下覆羽颜色较浅；跗跖及趾灰色。雌雄鸟飞羽均为白色，有黑色边缘。

【生活习性】 多见于西部高原湖泊、河流，在本流域为偶见鸟类，常单独或成小群体与其他鸭类混群在湖泊内，潜水捞取水生植物为食。

（左上图雌雄 郝江；右上图雌雄 郝江；下图雄 郝江）

红头潜鸭

英文名	拉丁名	居留型	保护级别	IUCN
Common Pochard	*Aythya ferina*	冬	三有	VU

【形态特征】 体型中等（41～50 cm），雌雄异色。雄鸟：头较圆，栗红色；喙基部黑色，中部灰白色，末端黑色；虹膜红色；黑色胸部与浅色上背形成对比；两胁灰色，腰黑色；飞行时翼上的灰色条带与其余色较深部位对比不明显。雌鸟：虹膜褐色；喙黑色具有浅色横带；头、胸及尾近褐色；背灰色。跗跖及趾灰色。

【生活习性】 常集成大群活动，潜水觅食，喜水生植被茂盛的池塘或湖泊，晨昏活跃。

（左上图雄 傅伟；右上图雌 王晓谦；下图雌雄 王晓谦）

青头潜鸭

英文名	拉丁名	居留型	保护级别	IUCN
Baer's Pochard	*Aythya baeri*	冬、夏	国家一级	CR

【形态特征】 体型中等（42～47 cm），雌雄相近，整体色深。雄鸟：头较圆，墨绿色；喙灰蓝色，基部色深；虹膜白色；胸部深褐色；腹部白色；两胁棕色，较窄；翼下羽及次级飞羽白色，飞行时可见黑色翼缘；尾下羽白色。雌鸟：头颈黑褐色；头侧、颈侧棕褐色；眼先与喙基有一栗色近圆斑；虹膜褐色；胸部暗褐色；背及两肩羽缘色较淡；两胁褐色，具白色端斑。雄鸟繁殖羽头亮绿色。跗跖及趾灰色。

【生活习性】 喜开阔、水流较缓的湖泊和池塘，晨昏活跃，潜水觅食。

（左上图成、幼 魏斌；右上图雌 刘德山；下图雌雄 王晓谦）

白眼潜鸭

英文名	拉丁名	居留型	保护级别	IUCN
Ferruginous Duck	*Aythya nyroca*	冬、夏	三有	NT

【形态特征】 体型中等（22～43 cm），雌雄相近。雄鸟：虹膜白色；喙黑色或灰白色；头、颈为鲜艳的浓栗色，颈部有黑褐色领环，在游泳或停歇状态下可能被隐藏；上体深褐色，上背和肩有不明显的斑纹；次级飞羽和内侧初级飞羽白色，羽端为黑褐色，形成宽阔的白色翼镜和翼镜后缘的黑褐色横带；胸部浓栗色；两胁栗褐色；上腹白色，下腹淡棕褐色；腰和尾上覆羽黑色，尾下覆羽白色。雌鸟：体色近似雄鸟，虹膜褐色，总体羽色较雄鸟暗淡。跗跖及趾灰色。

【生活习性】 居于湖泊、池塘等挺水植物丰富的静水区域，善于潜水。会和青头潜鸭杂交。

（左上图雌 吴春红；右上图雄 吴春红；下图雄 喻晓安）

凤头潜鸭

英文名	拉丁名	居留型	保护级别	IUCN
Tufted Duck	*Aythya fuligula*	冬、旅	三有	LC

【形态特征】 体型中等（34～49 cm），雌雄异色。雄鸟：黑头带长羽冠；喙灰白色，末端黑色；虹膜金黄色；胸背部黑色；腹部及体侧白色。雌鸟：头褐色有较短的羽冠；胸背部深褐色；两胁褐色；飞行时次级飞羽呈白色带状。跗跖及趾灰色。

【生活习性】 常集群活动，飞行迅速，潜水取食贝类，与其他潜鸭类有较多杂交。

（左上图雄 王晓谦；右上图雌 吴春红；下图雌雄 王晓谦）

斑背潜鸭

英文名	拉丁名	居留型	保护级别	IUCN
Greater Scaup	*Aythya marila*	冬	三有	LC

【形态特征】 体型中等（42～49 cm），雌雄异色。雄鸟：头和颈黑色，具绿色金属光泽；胸部黑色；上背、腰和尾上覆羽黑色；肩部和腰前羽毛白色，布满黑色波浪状细纹，形成标志性的灰色斑块；次级飞羽白色，形成明显的白色翼镜；腹和两胁灰白色，尾下覆羽黑色。雌鸟：体羽基本为褐色，兼有白色细纹；喙基到眼先有一大型白色斑块；头、颈、胸羽毛褐色；翼镜白色，较雄鸟细小；腹部灰白色。雌雄鸟的虹膜均为亮黄色，喙为蓝灰色，跗跖及趾铅蓝色。

【生活习性】 见于沼泽、湖泊、池塘、海水水域等地，善于潜水。

（左上图雄 喻晓安；右上图雌 段海生；下图 1 龄雄亚成鸟 王晓谦）

琵嘴鸭

英文名	拉丁名	居留型	保护级别	IUCN
Northern Shoveler	*Spatula clypeata*	冬、旅	三有	LC

【形态特征】 体型中等（44～52 cm），雌雄异色，具有宽大的匙状喙。雄鸟：头、颈羽毛黑色，具绿色金属光泽；虹膜金黄色；喙黑色；背暗褐色，上背两侧和外侧肩羽白色，有两枚较长的蓝灰色肩羽；腰暗褐色，微具绿色光泽；腰两侧白色；尾上覆羽金属绿色，中央尾羽暗褐色，具白色羽缘，外侧尾羽白色；翼上大覆羽暗褐色，羽端白色，形成一条白色带，其余覆羽灰蓝色；初级飞羽羽干白色，羽翈暗褐色；次级飞羽外翈翠绿色，形成绿色翼镜，内翈暗褐色，羽端白色，形成翼镜后缘白边；下颈和胸白色，并向上扩展到背侧与背两侧的白色相连为一体；两胁和腹栗色；尾下覆羽和尾上覆羽黑色。雌鸟：通体黑褐色；虹膜褐色；喙黄褐色；翼上覆羽大多为蓝灰色，具淡棕色羽缘；翼镜绿色。跗跖及趾橘黄色。

【生活习性】 喜河口、湖泊、沼泽、池塘、浅海等地，冬季集小群活动。用喙滤食水里面的浮游生物。

（左上图雄 杜淑兰；右上图雌雄 王晓谦；下图雌 傅伟）

罗纹鸭

英文名	拉丁名	居留型	保护级别	IUCN
Falcated Duck	*Mareca falcata*	冬	三有	LC

【形态特征】 体型中等（46～53 cm），雌雄异色。雄鸟：头顶暗栗色，头、颈两侧至后颈羽毛为铜绿色，具光泽；前额在喙基处有一块白斑；喉和前颈纯白色，前颈近颈基处有一黑色领圈；胸部密布新月形暗褐色斑纹；上背和两胁灰白色，满布暗褐色鳞片状细纹；下背和腰暗褐色；翼上覆羽大部分淡灰褐色；初级飞羽先端色较暗，翼镜绿黑色，其前后缘均有细窄的白边；三级飞羽细长而向下弯曲，呈镰刀状，停留时覆盖于体侧；尾上覆羽黑色，尾下覆羽黑色，两侧各有一乳黄色三角斑。雌鸟：身体布满褐色并间杂浅棕色条状细纹，翼镜绿黑色，但不如雄鸟鲜亮，前后缘有白边；飞羽黑褐色，三级飞羽较长，具棕白色狭边。雌雄鸟的虹膜均为褐色，上喙黑褐色，跗跖及趾橄榄灰色。

【生活习性】 居于沼泽、河口、浅海等湿地，越冬喜集大群，会和其他鸭类混群。

（左上图雄 傅伟；右上图雌雄 段海生；下图雌雄 王晓谦）

赤膀鸭

英文名	拉丁名	居留型	保护级别	IUCN
Gadwall	*Mareca strepera*	冬、旅	三有	LC

【形态特征】 体型中等（45～57 cm），雌雄异色。雄鸟：喙黑色；前额到顶中部棕色；头部灰白色，杂有黑褐色斑纹；后颈上部暗褐色；上体灰褐色，具棕褐色斑纹；胸部及两胁深色，具细密的鳞片状斑纹；腹白色，下腹微具褐色细斑；次级飞羽中为白色，形成白色翼镜；尾上覆羽及尾下覆羽黑色。雌鸟：喙中脊黑色，两侧黄褐色；头和颈的两侧浅灰色，密杂以褐色细短纹；体羽整体为黑褐色间杂的麻点。跗跖及趾橘黄色。

【生活习性】 居于沼泽、河口等湿地，繁殖期喜高草环境。越冬季喜集大群，会和其他鸭类混群。

（左上图雄 魏斌；右上图雌雄 吴春红；下图雌 魏斌）

赤颈鸭

英文名	拉丁名	居留型	保护级别	IUCN
Eurasian Wigeon	*Mareca penelope*	冬	三有	LC

【形态特征】 体型中等（42～51 cm），雌雄异色。雄鸟：头较大；喙灰蓝色，尖端黑色；头栗红色而顶部皮黄色；胸部棕红色；两胁有白斑；腹白；尾下覆羽黑色；飞行时白色翼上覆羽与墨绿色翼镜对比明显，其余羽灰色。雌鸟：通体棕褐色或灰褐色；腹白；头胸至两胁红棕色浓重。跗跖及趾灰色。

【生活习性】 常集群活动，并与其他鸭类混群，滤食性，也可在陆地取食植物。

（左上图雄 喻晓安；右上图雌雄群体 段海生；下图雌雄 段海生）

斑嘴鸭

英文名	拉丁名	居留型	保护级别	IUCN
Chinese Spot-billed Duck	*Anas zonorhyncha*	留、冬	三有	LC

【形态特征】 体型较大（58～63 cm），整体深褐色。头部颜色浅；头顶及眼线色深；喙黑色而喙端黄色，且在繁殖羽黄色喙端顶尖有一黑点；喉及颊部皮黄色；具黑色髭纹；深色羽带浅色羽缘使全身体羽呈浓密扇贝形；翼镜为金属绿紫色；白色的三级飞羽停栖时有时可见，飞行时更明显。雌雄同色，但雌鸟色较暗淡。跗跖及趾橘红色。

【生活习性】 常集小群活动于湖泊、河流及沿海，繁殖期雄鸟会守护和协助雌鸟。

（左上图 吴春红；右上图成、雏 吴春红；下图 喻晓安）

绿头鸭

英文名	拉丁名	居留型	保护级别	IUCN
Mallard	*Anas platyrhynchos*	冬、夏	三有	LC

【形态特征】 体型中等（55～70 cm），雌雄异色。雄鸟：喙黄色；头及颈部墨绿色带光泽，具有白色颈环与栗色胸部隔开；中央尾羽黑色，向上卷曲成钩状，外侧尾羽灰褐色，具有白色羽缘。雌鸟：具褐色斑驳；喙黑褐色；有深色的过眼纹；翼镜蓝紫色。跗跖及趾橙黄色。

【生活习性】 成对或集小群活动于湖泊、池塘及河口，杂食性。

（左上图雄 吴春红；右上图雌 吴春红；下图雌、雏 吴春红）

针尾鸭

英文名	拉丁名	居留型	保护级别	IUCN
Northern Pintail	*Anas acuta*	冬、旅	三有	LC

【形态特征】 体型中等（51～76 cm，含中央尾羽），雌雄异色。雄鸟：头顶、脸颊及后颈羽毛暗褐色；颈侧具白色纵带自胸部延伸到眼后；背部布满暗褐色与灰白色相间的横斑；肩羽有宽阔的黑羽端，最长的肩羽几乎全为黑色；翼上覆羽大多灰褐色，飞羽暗褐色；具铜绿色翼镜；三级飞羽延长，羽翈褐色，中间有明显银白色纵纹；尾下覆羽黑色，前部有乳黄色斑块；中央2枚尾羽特别延长，呈黑色，具绿色金属光泽；腹部灰白色微杂以淡褐色波状细斑。雌鸟：头为棕色，布满黑色细纹；喉到前颈浅褐色，后颈暗褐色；身体布满棕褐色和黑色组成的斑纹；尾下覆羽白色，尾羽尖长。跗跖及趾灰色。

【生活习性】 居于沼泽、河口、海滩、湖泊等区域。在我国为越冬群体，集群栖息，常和其他鸭类混群，会在草滩、稻田等地觅食。

（左上图雌 王强；右上图雄 魏斌；下图和其他雁鸭类混群 吴春红）

绿翅鸭

英文名	拉丁名	居留型	保护级别	IUCN
Eurasian Teal	*Anas crecca*	冬	三有	LC

【形态特征】 体型较小（34～38 cm），雌雄异色。雄鸟：头圆；喙灰黑色；虹膜褐色；带皮黄色边缘的过眼纹横贯栗色的头部；颈及两胁具灰白色波纹状；胸部具棕色斑点；肩羽上有一道长长的白色条纹；深色的尾下羽外缘具皮黄色三角状斑块；其余体羽多灰色。雌鸟：整体褐色；羽色较为斑驳；胸背部及两翼色深，腹部色淡。雌雄鸟飞行时均有明显的绿色翼镜。跗跖及趾灰色。

【生活习性】 成对或成群栖息于湖泊或池塘，常与其他水禽混杂，飞行时振翼极快。

（左上图雌雄 刘德山；右上图雌 段海生；下图雄 段海生）

小鹏鹏

英文名	拉丁名	居留型	保护级别	IUCN
Little Grebe	*Tachybaptus ruficollis*	留	三有	LC

【形态特征】 体型略小（23 ～ 29 cm），整体色深。繁殖羽：喙黑色，具有黄色喙斑；颊、颈部红色；上体褐色。非繁殖羽：喙基黄色；颈部呈灰白色；上体灰褐色。跗跖蓝灰色，趾尖色浅。

【生活习性】 生活在湖泊、池塘、流速较慢的河流等淡水区域，单独或成对活动，冬季集小群，喜欢潜水觅食，起飞需要助跑。

（左上图繁殖羽 吴春红；右上图非繁殖羽 吴春红；下图育雏 赵学迅）

凤头鹃䴙

英文名	拉丁名	居留型	保护级别	IUCN
Great Crested Grebe	*Podiceps cristatus*	冬、夏	三有	LC

【形态特征】 体型较大（45～51 cm），雌雄近色。喙细长，黄色；虹膜红色；黑色羽冠明显，耳后至颈部具有栗色鬃毛状饰羽；前颈至胸腹白色。非繁殖羽具深色羽冠，无饰羽。跗跖及趾黑色。

【生活习性】 单独或成对生活于开阔水面，繁殖季节雌雄鸟有镜面舞蹈行为，起飞需要助跑。

（左上图非繁殖羽 刘德山；右上图繁殖羽 段海生；下图育雏 刘德山）

黑颈鸊鷉

英文名	拉丁名	居留型	保护级别	IUCN
Black–necked Grebe	*Podiceps nigricollis*	冬、旅	国家二级	LC

【形态特征】 体型略小（25～35 cm），本流域内为非繁殖体色。头部：喙黑色，较细，末端上翘；虹膜红色；具深色顶冠，额部高直，耳后至颈部白色，呈月牙形。上体灰褐色，下体白色。跗跖及趾灰黑色。

【生活习性】 通常成对或成小群活动于开阔水面，白天活动时间较长，几乎全在水中。主要通过潜水觅食，食物主要为昆虫及其幼虫、各种小鱼、蛙、蝌蚪、蠕虫以及甲壳类和软体动物，偶尔也吃少量水生植物。

（左上图非繁殖羽 王晓谦；右上图非繁殖羽 颜军；下图繁殖羽 郝江）

大红鹳

英文名	拉丁名	居留型	保护级别	IUCN
Greater Flamingo	*Phoenicopterus roseus*	迷	三有	LC

【形态特征】 体型大（120～145 cm），雌雄同色。喙粉红色，喙端黑色，喙宽前端下弯，状似阿拉伯弯刀；虹膜白色；颈部和腿长；羽色白，但取食过螺旋藻等碱性藻类后，羽色会出现浓烈的玫瑰红色；两翅羽色偏红；飞羽黑色；跗跖及趾粉红色。亚成鸟体色多浅褐色，喙灰色。

【生活习性】 喜结大群活动，在我国为偶见迷鸟或豢养逃逸鸟，因此，在我国常见到单独行动的个体。喜咸水湖，飞行时头颈伸直。

（左上图 郝江；右上图 郝江；下图 郝江）

山斑鸠

英文名	拉丁名	居留型	保护级别	IUCN
Oriental Turtle Dove	*Streptopelia orientalis*	留	三有	LC

【形态特征】 体型中等（28～36 cm），整体砖红色。头部浅棕色；喙黑色；颈侧有带明显黑白色条纹的块状斑；胸腹部偏粉色；翅上为深色扇贝斑纹羽，羽缘棕色；腰灰色；尾羽近黑色，尾梢浅灰色。跗跖及趾粉色。

【生活习性】 常成对或集小群活动于低山丘陵、农田及城市公园，雄鸟有空中盘旋求偶行为，觅食时小步慢踱，边走边吃。

（左上图 吴春红；右上图 吴春红；下图 吴春红）

火斑鸠

英文名	拉丁名	居留型	保护级别	IUCN
Red Turtle Dove	*Streptopelia tranquebarica*	夏	三有	LC

【形态特征】　体型较小（20～23 cm），整体红色。喙灰黑色；头灰色；颈侧具有长条状黑色粗斑。雄鸟：头部偏灰；胸腹及背偏粉；翼覆羽棕红色；初级飞羽近黑色，青灰色的尾羽羽缘及外侧尾端白色。雌鸟：色较浅且暗。头暗棕色；胸至腹部粉灰色；翼羽灰褐色。跗跖及趾灰黑色。

【生活习性】　成对或集小群活动于开阔平原和低山丘陵地带，喜栖息于电线或高大枯枝上。

（左上图雄　刘德山；右上图雄　刘德山；下图雌雄　刘德山）

珠颈斑鸠

英文名	拉丁名	居留型	保护级别	IUCN
Spotted Dove	*Spilopelia chinensis*	留	三有	LC

【形态特征】 体型中等（27～30 cm），整体粉褐色。喙黑色；头灰白色；颈侧具有黑底白点的斑块；颈、胸至腹部浅粉紫色；后背及两翼褐色，尾羽灰褐色；尾略显长，外侧尾羽前端的白色甚宽。跗跖及趾红色。

【生活习性】 单独或成对栖息于城市、村庄周围及稻田，地面取食，一年可繁殖多次，巢甚简陋，受干扰后缓缓振翅，贴地而飞。

（左上图 吴春红；右上图 吴春红；下图 吴春红）

普通夜鹰

英文名	拉丁名	居留型	保护级别	IUCN
Grey Nightjar	*Caprimulgus jotaka*	夏	三有	LC

【形态特征】 体型中等（24～29 cm），雌雄同色。头顶具密集的细纵纹；喙近黑色；虹膜褐色；眉纹和颊纹为宽的灰色；髭纹白色；喉部密布细密的横纹，两侧各有一块醒目的白斑；通体呈灰褐色，并密布黑褐色和灰白色斑纹；尾羽有横纹，外侧四对尾羽具白色斑块。雌鸟整体似雄鸟，白色部分呈皮黄色。跗跖及趾深棕色。

【生活习性】 繁殖于平原、丘陵的林木茂密地带，也能适应城市环境，近年在各类城市大楼楼顶也发现有繁殖个体。夜间活动，在空中以声呐定位原理捕食昆虫。

（左上图 刘德山；右上图 刘德山；下图 刘德山）

白喉针尾雨燕

英文名	拉丁名	居留型	保护级别	IUCN
White-throated Spinetail	*Hirundapus caudacutus*	旅	三有	LC

【形态特征】 体型较大（19～21 cm），雌雄同色。喙黑色；虹膜褐色；前额灰白色；头顶至后颈黑褐色，具蓝绿色金属光泽；颏、喉呈大型白色斑；胸、腹烟棕色或灰褐色；背、肩、腰浅褐色；两翅覆羽和飞羽黑色，有紫蓝色和绿色金属光彩；尾上覆羽和尾羽黑色，具蓝绿色金属光泽；尾羽羽轴末端延长成针状；两胁和尾下覆羽白色。跗跖及趾肉色。

【生活习性】 居于中高山林以及山间河谷地带。

（左上图 刘德山；右上图 刘德山；下图 刘德山）

小鸦鹃

英文名	拉丁名	居留型	保护级别	IUCN
Lesser Coucal	*Centropus bengalensis*	夏	国家二级	LC

【形态特征】 体型略大（42 cm），整体棕红黑色。喙黑色；虹膜红色；体羽为黑色，两翼羽毛棕褐色；似褐翅鸦鹃但体型较小，色彩暗淡；上背及两翼的栗色较浅。亚成鸟具浅色羽轴，看似翼上羽毛有浅色条纹。跗跖及趾黑色。

【生活习性】 喜湿地边的高草地带、丘陵边的灌丛及开阔的草地（包括高草），常栖息于地面。

（左上图 喻晓安；右上图 段海生；下图 段海生）

红翅凤头鹃

英文名	拉丁名	居留型	保护级别	IUCN
Chestnut-winged Cuckoo	*Clamator coromandus*	夏	三有	LC

【形态特征】 体型较大（38～46 cm），整体黑白色及棕色。喙黑色；头黑色，具明确冠羽；虹膜红褐色；喉及胸橙褐色；颈圈白色；腹部近白色；背及尾黑色而带蓝色光泽；翅羽栗色。亚成鸟：上体具棕色鳞状纹；喉及胸偏白。跗跖及趾黑色。

【生活习性】 多单独或成对活动于低山丘陵，性隐蔽，在低矮植被觅食，巢寄生。

（左上图 郝江；右上图 王晓谦；下图 郝江）

噪鹃

英文名	拉丁名	居留型	保护级别	IUCN
Western Koel	*Eudynamys scolopaceus*	夏	三有	LC

【形态特征】　体型较大（39～46 cm），雌雄异色。雄鸟：全身黑色具有暗蓝色金属光泽；喙象牙色或淡绿色；虹膜鲜红色。雌鸟：喙黄绿色；上体褐色，密布皮黄色及棕褐色斑点；下体皮黄色，密布褐色横斑。跗跖及趾蓝灰色。

【生活习性】　多单独活动，常隐蔽于大树顶层茂盛的枝叶中，杂食性，巢寄生。

（左上图雌　刘德山；右上图雌　段海生；下图雄　段海生）

翠金鹃

英文名	拉丁名	居留型	保护级别	IUCN
Asian Emerald Cuckoo	*Chrysococcyx maculatus*	夏	三有	LC

【形态特征】 体长约 18 cm 的小型杜鹃。雄鸟：眼圈橙色，头颈、上体和胸部翠绿色，腹部白色并具有暗绿色横纹；两翼亦绿色，飞羽末端色深；尾羽绿色，末端白色。雌鸟：头顶至后颈黄褐色，上体和两翼铜绿色，但不及雄鸟亮丽，脸颊、颈侧及下体白色，遍布锈绿色横纹。虹膜红褐色；喙橙黄色，端部黑色；跗跖绿色。

【生活习性】 栖息于中低海拔地区林相较好的常绿阔叶林，常在树顶休息觅食，飞行迅速。巢寄生，常在小型雀形目鸟类巢中产卵。

（左上图雄 王晓谦；右上图雌 郝江；下图雌雄 郝江）

乌鹃

英文名	拉丁名	居留型	保护级别	IUCN
Square-tailed Drongo-cuckoo	*Surniculus lugubris*	夏	三有	LC

【形态特征】 体型中等（24～28 cm），雌雄同色。喙黑色；全身体羽亮黑色；尾下覆羽及外侧尾羽腹面具白色横斑；前胸隐见白色斑块，幼鸟具不规则的白色点斑；尾羽为浅叉形。雄鸟虹膜褐色，雌鸟虹膜黄色。跗跖及趾蓝灰色。

【生活习性】 栖息于低海拔阔叶林或灌林，常单独活动，立于枝头鸣叫，巢寄生。

（上图 段海生；下图 段海生）

大鹰鹃

英文名	拉丁名	居留型	保护级别	IUCN
Large Hawk-cuckoo	*Hierococcyx sparverioides*	夏	三有	LC

【形态特征】 体型略大（38～42 cm），整体灰褐色。喙上黑下黄；头深灰色；虹膜橘黄色；颈部至背部灰褐色；颏黑色；胸棕色，具黑褐色纵纹；下胸及腹部具褐色横斑且染棕色；尾羽次端棕红色，而末端白色；跗跖及趾黄色。亚成鸟：上体褐色带棕色横斑；下体皮黄色而具近黑色纵纹。似鹰，但姿态及喙形不同。

【生活习性】 喜平原及山地开阔林地，常隐于树冠，巢寄生。

（左上图 段海生；右上图 段海生；下图 段海生）

四声杜鹃

英文名	拉丁名	居留型	保护级别	IUCN
Indian Cuckoo	*Cuculus micropterus*	夏	三有	LC

【形态特征】 体型中等（31～34 cm），整体偏灰色。似大杜鹃；虹膜暗褐色；眼圈黄色；腹部黑横纹较宽；尾灰色并具黑色次端斑。雌鸟较雄鸟多褐色。亚成鸟头及上背具偏白的皮黄色鳞状斑纹。跗跖及趾黄色。

【生活习性】 活动于低海拔林地，单独或成对活动，常常只闻其声不见其身，巢寄生。

（左图 王晓谦；右上图 王晓谦；右下图 王晓谦）

大杜鹃

英文名	拉丁名	居留型	保护级别	IUCN
Common Cuckoo	*Cuculus canorus*	夏	三有	LC

【形态特征】 体型中等（32～35 cm），整体灰白色。喙黑色，下喙基部黄色；头灰色；虹膜和眼圈黄色；胸背灰色；腹部近白色而具细密黑色横斑；尾羽黑色并具白色端斑。跗跖及趾黄色。

【生活习性】 常于中低海拔林地活动，在树间鸣叫，也见于电线上，巢寄生。

（左上图非亲鸟育雏 吴春红；右上图 刘德山；下图 刘德山）

中杜鹃

英文名	拉丁名	居留型	保护级别	IUCN
Himalayan Cuckoo	*Cuculus saturatus*	夏	三有	LC

【形态特征】　体型略小（25 ～ 34 cm），整体灰色。头灰色；虹膜暗褐色，具黄色眼圈；喙末端色深；上胸部灰色；腹部及两胁有宽的横斑；下体皮黄色并具黑色横斑；尾纯黑灰色而无斑。跗跖及趾橘黄色。

【生活习性】　常于山地高大树木林冠层活动，较隐蔽，巢寄生。

（左上图 段海生；右上图 段海生；下图 段海生）

小杜鹃

英文名	拉丁名	居留型	保护级别	IUCN
Lesser Cuckoo	*Cuculus poliocephalus*	夏、旅	三有	LC

【形态特征】 体型小（24 ～ 26 cm），整体灰色。头灰色；喙黄色，末端黑色；虹膜褐色，具黄色眼圈；颈及上胸浅灰色；下胸及下体余部白色，具清晰的黑色横斑；臀部沾皮黄色；尾灰色，无横斑但末端具白色窄边；似大杜鹃但体型较小，以叫声最易区分。跗跖及趾黄色。棕色型雌鸟上体棕褐色，喉部、上体和两翼具黑色横纹，但在枕部和腰部几乎没有横纹。

【生活习性】 主要栖息于山林中，较隐蔽，巢寄生。

（左上图雌 赵学迅；右上图雌 王强；下图雄 王强）

花田鸡

英文名	拉丁名	居留型	保护级别	IUCN
Swinhoe's Rail	*Coturnicops exquisitus*	冬	国家二级	LC

【形态特征】 体型小（12～14 cm），雌雄同色。喙暗黄色；虹膜褐色；颏、喉及腹部白色；胸黄褐色；上体褐色，具黑色纵纹及白色细小横斑；两胁及尾下具深褐色及白色的横斑，纹理较宽；尾短而上翘；飞行时，白色次级飞羽与黑色初级飞羽较为明显。跗跖及趾黄色。

【生活习性】 居于分布有高草和挺水植物的草滩、沼泽等湿地环境。

（左上图 喻晓安；右上图 喻晓安；下图 喻晓安）

普通秧鸡

英文名	拉丁名	居留型	保护级别	IUCN
Eastern Water Rail	*Rallus indicus*	冬	三有	LC

【形态特征】 体型中等（23～29 cm），雌雄同色。喙红色，喙尖到上喙中央有黑色条纹；虹膜红色；头顶褐色；脸灰色；眉纹浅灰色；过眼纹深灰色；颈及胸浅棕灰色；上体褐色，多黑色纵纹；两胁至尾下具黑白色横斑。亚成鸟翼上覆羽具不明晰的白斑。跗跖及趾红色。

【生活习性】 居于河口、湖泊、池塘、水田、沼泽等湿地环境，喜高草环境。

（左上图 刘德山；右上图 段海生；下图 刘德山）

红脚田鸡

英文名	拉丁名	居留型	保护级别	IUCN
Brown Crake	*Zapornia akool*	留	三有	LC

【形态特征】 体型中等（26～28 cm），整体色暗而腿红。头部深褐色；虹膜深红褐色；喙粗壮，黄绿色，喙基鲜黄色；脸及胸青灰色；上体全橄榄褐色；腹部及尾下褐色。跗跖及趾暗红色，趾细长。

【生活习性】 单独或成对活动于湿地环境，性羞怯，多在黄昏活动，尾上翘并不停地抽动，偶尔做短距离飞行。

（左上图 刘德山；右上图 喻晓安；下图 刘德山）

小田鸡

英文名	拉丁名	居留型	保护级别	IUCN
Baillon's Crake	*Zapornia pusilla*	旅	三有	LC

【形态特征】 体型小（15～20 cm），雌雄相近。喙灰绿色；虹膜红色；头顶、肩背到尾羽多红褐色，多有白色粗纹；翼上覆羽、尾羽有黑色斑纹。雄鸟脸颊到胸部蓝瓦灰色；有褐色过眼纹；两胁到尾下羽毛具黑白色条纹。雌鸟色彩较暗，有褐色耳羽。幼鸟体色偏浅，脸颊及喉部偏白。跗跖及趾粉绿色。

【生活习性】 栖息于沼泽、湖泊的多草地带，多隐匿于水边植物中，喜步行，飞行较少。

（左上图 段海生；右上图 段海生；下图 喻晓安）

白胸苦恶鸟

英文名	拉丁名	居留型	保护级别	IUCN
White-breasted Waterhen	*Amaurornis phoenicurus*	夏	三有	LC

【形态特征】 体型中等（28 ～ 33 cm），整体黑白色。喙黄绿色，喙基红色；虹膜红色；头顶、颈后、背、两翼及尾黑色，前额、脸、胸及上腹部白色；下腹及尾下棕色。跗跖及趾黄色，趾细长。

【生活习性】 通常单个活动，偶尔两三成群，于湿润的灌丛、湖边、河滩及旷野走动找食，尾巴上翘、不停摆动，也攀于灌丛及小树上。

（左上图 郝江；右上图 王晓谦；下图 喻晓安）

黑水鸡

英文名	拉丁名	居留型	保护级别	IUCN
Common Moorhen	*Gallinula chloropus*	留	三有	LC

【形态特征】 体型略大（30～38 cm），整体黑色。头部额甲亮红色；喙短，红色，末端黄色；虹膜红色；体羽呈青黑色；两胁有白色细纹状线条；尾下有两块白斑，尾上翘时此白斑明显。跗跖及趾黄绿色，趾长。

【生活习性】 单独或成对活动于各类人工和天然淡水湿地，尤其喜欢挺水植物较多的湿地环境。栖水性强，常在水中慢慢游动，在水面浮游植物间翻拣找食，走动时尾不停上翘，起飞前会在水上助跑很长一段距离。

（左上图幼 吴春红；右上图巢、雏 吴春红；下图育雏 赵学迅）

白骨顶

英文名	拉丁名	居留型	保护级别	IUCN
Common Coot	*Fulica atra*	冬、夏	三有	LC

【形态特征】 体型略大（36 ～ 39 cm），整体黑色。头部具显眼的白色喙及额甲；虹膜红色；整体羽色深黑灰色，仅飞行时可见翼上狭窄近白色后缘。跗跖及趾黄绿色或灰黑色，趾间具瓣状蹼。

【生活习性】 喜开阔水域，具强栖水性和群栖性，常潜入水中在湖底找食水草，起飞前会在水面上长距离助跑。

（左上图 吴春红；右上图 吴春红；下图 吴春红）

白鹤

英文名	拉丁名	居留型	保护级别	IUCN
Siberian Crane	*Leucogeranus leucogeranus*	冬、旅	国家一级	CR

【形态特征】 体型大（125～140 cm），整体白色。喙暗红色；虹膜浅黄色；脸上红色裸皮从喙基、眼后延伸到额前；通体白色，飞行时黑色的初级飞羽明显。跗跖及趾暗红色。幼鸟喙及跗跖红色较浅，头、颈和身体棕黄色。

【生活习性】 高度依赖浅水湿地，冬季活动于长江流域季节性湖泊的浅滩和沼泽。

（左上图 成、幼 段海生；右上图 王晓谦；下图 成、幼 王晓谦）

白枕鹤

英文名	拉丁名	居留型	保护级别	IUCN
White-naped Crane	*Antigone vipio*	冬、旅	国家一级	VU

【形态特征】 体型高大（120～153 cm），整体灰白色。头顶白色；喙淡黄绿色；虹膜黄色；脸及眼周裸皮红色，具稀疏黑色绒状羽；喉及颈背白色；胸及颈前之灰色延伸至颈侧成狭窄尖线条；初级飞羽黑色；体羽余部为不同程度的灰色。跗跖及趾暗红色。

【生活习性】 越冬时成大群活动,性机警且惧人,常于湖岸浅滩缓步行走觅食植物种子和根茎,也于农耕地觅食。

（左上图 郝江；右上图 郝江；下图 王晓谦）

蓑羽鹤

英文名	拉丁名	居留型	保护级别	IUCN
Demoiselle Crane	*Grus virgo*	迷	国家二级	LC

【形态特征】 体型小（90～100 cm），雌雄同色。喙黄绿色；虹膜红色（雄鸟）或橘黄色（雌鸟）；头颈羽毛黑色；颈部羽毛向下延伸似蓑衣状；有粗长的白色耳羽簇延伸到后颈；体色为灰色；飞羽末端黑色；次级飞羽和三级飞羽延长，两翼收起时覆盖于尾羽，呈下垂状。跗跖及趾黑色。

【生活习性】 栖息于高原、草原、沼泽，喜荒漠、半荒漠地带，分布可达海拔 5000 m 高原。在本流域为偶见迷鸟。

（左上图 郝江；右上图 郝江；下图 郝江）

灰鹤

英文名	拉丁名	居留型	保护级别	IUCN
Common Crane	*Grus grus*	冬	国家二级	LC

【**形态特征**】 体型大（95～125 cm），整体灰色。顶冠黑色，中心红色；喙黄色；虹膜褐色；眼后白色延伸到颈部；前额、眼先、喉至前颈部黑色；体羽余部灰色，飞羽末端黑色。跗跖及趾灰黑色。

【**生活习性**】 越冬可集大群，性机警，在湖泊边缘或开阔农田或休耕地觅食。

（左上图 赵学迅；右上图 王晓谦；下图 王晓谦）

白头鹤

英文名	拉丁名	居留型	保护级别	IUCN
Hooded Crane	*Grus monacha*	冬	国家一级	VU

【形态特征】 体型较小（约 97 cm）。喙偏黄绿色；虹膜黄红色；头颈白色；额前有红色裸皮镶嵌在黑色顶冠纹上；体羽深灰色。亚成鸟头颈黄褐色。跗跖及趾近黑色。

【生活习性】 在林缘沼泽地带繁殖，在长江中下游越冬；越冬常成群在湖岸、河流、沼泽地带活动。

（左上图 王晓谦；右上图 王晓谦；下图 王晓谦）

黑鹳

英文名	拉丁名	居留型	保护级别	IUCN
Black Stork	*Ciconia nigra*	冬	国家一级	LC

【形态特征】　体型大（100～120 cm），整体黑色。喙长，呈鲜红色；虹膜褐色；眼周有红色裸皮；头、上胸、背及两翼黑色；下胸、腹部及尾下白色；黑色部位具绿紫色光泽；飞行时翼下黑色，仅三级飞羽及次级飞羽内侧白色。幼鸟褐色，无金属光泽。跗跖及趾红色，未成年鸟羽色棕褐色，喙和腿灰褐色。

【生活习性】　活动于沼泽地区、池塘、湖泊、河流沿岸及河口，冬季集小群，常在树上或崖壁上休息。

（左上图 郝江；右上图幼 郝江；下图成、幼 颜昌军）

东方白鹳

英文名	拉丁名	居留型	保护级别	IUCN
Oriental Stork	*Ciconia boyciana*	冬、夏	国家一级	EN

【形态特征】 体型大（110～115 cm），整体白色。喙厚而直，黑色；虹膜浅黄色，眼周有红色裸皮；体羽白色；飞羽黑色。亚成鸟体表沾污黄色。跗跖及趾红色。

【生活习性】 常于开阔湿地的高树或者供电铁塔上筑巢繁殖。越冬地主要集中在长江流域，常集群居于各类淡水湿地。

（左上图 陶旭东；右上图 王强；下图 王晓谦）

白琵鹭

英文名	拉丁名	居留型	保护级别	IUCN
Eurasian Spoonbill	*Platalea leucorodia*	冬	国家二级	LC

【形态特征】 体型大（80～95 cm），整体白色。自眼先至眼有黑色线；长长的喙灰黑色，末端扁平膨大成琵琶形，喙尖黄色。繁殖羽：头部具丝状饰羽；喉部具橘黄色裸皮。跗跖和趾灰黑色。

【生活习性】 喜泥泞水塘、湖泊或泥滩等开阔湿地，在水中缓慢前进，头和喙左右摆动划水觅食。飞行时颈部不弯曲，一般单独或成小群活动。

（左上图 颜昌军；右上图 杜淑兰；下图 颜昌军）

朱鹮

英文名	拉丁名	居留型	保护级别	IUCN
Crested Ibis	*Nipponia nippon*	留	国家一级	EN

【形态特征】 体型中等（55～84 cm），整体粉色。头部裸皮朱红色；喙长而下弯，喙黑而尖端红；头颈后有长的白色饰羽；背及翅白色；飞行时飞羽下面红色。繁殖羽：头颈后饰羽及背部灰色。亚成鸟灰色。跗跖及趾红色。

【生活习性】 在大栎树上结群营巢，在附近农田及自然沼泽区取食。

（左上图育雏 段海生；右上图 赵学迅；下图 吴春红）

彩鹮

英文名	拉丁名	居留型	保护级别	IUCN
Glossy ibis	*Plegadis falcinellus*	旅	国家一级	LC

【形态特征】 体型略小（49～66 cm），雌雄同色。喙近黑，长而下弯；虹膜褐色；繁殖期上下喙基部到前额有白色到蓝色的细条纹；头、颈、肩红色；两翼具铜绿色金属光泽；腰尾部具绿色和紫色光泽；非繁殖羽整体为褐色。跗跖及趾绿褐色。

【生活习性】 集小群群居在沼泽、稻田等湿地。在汉中有繁殖群体，常与其他鹭科鸟类混群营巢繁殖。

（左上图 傅伟；右上图 彩鹮与白鹭 段海生；下图 涂文波）

大麻鳽

英文名	拉丁名	居留型	保护级别	IUCN
Eurasian Bittern	*Botaurus stellaris*	冬、旅	三有	LC

【形态特征】 体型大（64～68 cm），整体黄褐色。喙黄绿色；顶冠黑色，颏及喉白色且其边缘接明显的黑色颊纹；头侧金色，其余体羽多具黑色纵纹及杂斑。飞行时具褐色横斑的飞羽与金色的覆羽及背部形成对比。跗跖及趾黄绿色。

【生活习性】 在芦苇密布的环境活动，越冬于南方各类湿地，会将喙高举拟态为芦苇以躲避天敌。

（左上图 刘德山；右上图 刘德山；下图 刘德山）

黄斑苇鳽

英文名	拉丁名	居留型	保护级别	IUCN
Yellow Bittern	*Ixobrychus sinensis*	夏	三有	LC

【形态特征】 体型小（30～40 cm），整体黄黑色。成鸟：顶冠近黑色；虹膜黄色；喙黄绿色；上体淡黄褐色；下体皮黄色；黑色的飞羽与皮黄色的覆羽对比明显。亚成鸟：似成鸟但褐色较浓；全身满布纵纹；两翼及尾黑色。跗跖及趾黄绿色。

【生活习性】 喜茂密的芦苇丛或稻田，被发现后静止不动，喙指向天，拟态芦苇。

（左上图亚成鸟 刘德山；右上图 段海生；下图 刘德山）

栗苇鳽

英文名	拉丁名	居留型	保护级别	IUCN
Cinnamon Bittern	*Ixobrychus cinnamomeus*	夏	三有	LC

【形态特征】体型小（40～41 cm），整体栗色。喙黄色，基部裸皮橘黄色；虹膜黄色，瞳孔呈"一"字形。雄鸟：髭纹白色；喉及胸中线有一黑色纵纹；上体栗色，下体黄褐色。雌鸟：色暗，褐色较浓。跗跖及趾绿色。

【生活习性】活动于挺水植物丰茂的区域，善于隐蔽，常静止不动，喙指向天，拟态芦苇。

（左上图 刘德山；右上图 刘德山；下图 刘德山）

黑苇鳽

英文名	拉丁名	居留型	保护级别	IUCN
Black Bittern	*Ixobrychus flavicollis*	夏	三有	LC

【形态特征】 体型中等（54～68 cm），整体深灰色。喙黄褐色，形似匕首；虹膜红色或褐色。雄鸟：通体深瓦灰色，看起来似黑色；喉白色，具黑色及黄色纵纹；颈侧黄色；胸腹部白色，上面布满粗的黑色纵纹。雌鸟：褐色较浓，下体白色较多。跗跖及趾黑褐色。

【生活习性】 活动于低山、丘陵地带的溪流、湖泊、沼泽、水田等环境，也会出现在红树林等地带。营巢于岸边芦苇丛、灌丛、柳林或竹林。

（左上图 傅伟；右上图雏 傅伟；下图 喻晓安）

夜鹭

英文名	拉丁名	居留型	保护级别	IUCN
Black-crowned Night Heron	*Nycticorax nycticorax*	夏、留	三有	LC

【形态特征】 体型中等（58～65 cm），整体黑白色。成鸟：头较大；顶冠黑色；虹膜红色；喙黑色；颈及胸白色；颈背具两条白色丝状羽；背黑色；两翼及尾灰色。亚成鸟：整体褐色；胸腹具纵纹；背及翅上密布点斑。跗跖及趾黄色。

【生活习性】 独居或群居，昼夜均可捕食，并发出深沉的呱呱声。取食于稻田、草地及水渠两旁。结群营巢于水上悬枝，甚喧哗。

（左上图亚成鸟 段海生；右上图 王晓谦；下图 刘德山）

绿鹭

英文名	拉丁名	居留型	保护级别	IUCN
Green-backed Heron	*Butorides striata*	夏	三有	LC

【形态特征】 体型小（35～48 cm），整体深灰色。成鸟：喙黑色，一道黑色线从喙基部过眼下及脸颊延至枕部；虹膜黄色，眼先及眼圈明黄色；头顶及松软的冠羽黑色并具光泽，颈侧灰色，胸腹粉灰色，两胁银灰色，两翼及尾灰蓝色并具绿色光泽，羽缘皮黄色。跗跖及趾黄绿色。

【生活习性】 性谨慎，晨昏活动，静候捕食。栖息于池塘、溪流及稻田、芦苇地、灌丛或红树林等有浓密覆盖的地方，集小群营巢。

（左上图 王晓谦；右上图 傅伟；下图 刘德山）

池鹭

英文名	拉丁名	居留型	保护级别	IUCN
Chinese Pond Heron	*Ardeola bacchus*	夏	三有	LC

【形态特征】 体型略小（42～52 cm）。繁殖羽：头及颈棕红色；喙黄绿色，末端黑色；胸部深棕色；背部具灰蓝色丝状羽；两翼白色，跗跖及趾黄色。非繁殖羽：头胸部褐色，具纵纹；背部深褐色；跗跖及趾黄绿色。

【生活习性】 栖息于稻田或其他漫水地带，单独或成分散小群进食，常长时间静待，发现猎物后迅速出击。飞行时振翼缓慢，翼显短。

（左上图非繁殖羽 喻晓安；右上图非繁殖羽 段海生；下图繁殖羽 王晓谦）

牛背鹭

英文名	拉丁名	居留型	保护级别	IUCN
Cattle Egret	*Bubulcus coromandus*	夏	三有	LC

【形态特征】 体型略小（46～53 cm），整体白色。繁殖羽：体白，头、颈、胸为橙黄色；喙、腿及眼先粉红色。非繁殖羽：近全白；仅部分鸟额部呈黄色；跗跖及趾黑色。与其他鹭的区别在于体型较粗壮，颈较短而头圆，喙较短且厚。

【生活习性】 喜欢在翻耕地中啄食无脊椎动物，或与草地家畜及水牛相伴，捕食草地家畜及水牛从草地上引来或惊起的昆虫，飞行时颈部缩成"S"形。

（左上图繁殖羽 郝江；右上图繁殖羽 颜昌军；下图非繁殖羽 赵学迅）

苍鹭

英文名	拉丁名	居留型	保护级别	IUCN
Grey Heron	*Ardea cinerea*	留、冬	三有	LC

【形态特征】体型大（92～99 cm），整体呈黑白灰色。喙黄绿色，末端黄色；虹膜黄色；具黑色过眼纹；头顶黑色，具黑色辫状冠羽；颈细长，中央具黑色纵纹；飞羽、翼角黑色，其余灰色。跗跖及趾近黑色。

【生活习性】常长时间站在浅水区耐心等待捕食机会，飞行速度缓慢，脖子缩成"S"形。

（左上图 刘德山；右上图 刘德山；下图育雏 郝江）

草鹭

英文名	拉丁名	居留型	保护级别	IUCN
Purple Heron	*Ardea purpurea*	夏、旅	三有	LC

【形态特征】 体型大（84～97 cm），整体灰栗色。头顶蓝黑色；喙黄色；虹膜黄色；颊、喉白色；颈部整体棕色，两侧具黑色长纵纹；背及覆羽灰色；飞羽黑色；腹部棕栗色。跗跖及趾黄色。

【生活习性】 喜稻田、芦苇地，可长时间单腿站立，伺机捕鱼，飞行速度很慢。

（左上图 傅伟；右上图 颜昌军；下图 颜昌军）

大白鹭

英文名	拉丁名	居留型	保护级别	IUCN
Great Egret	*Ardea alba*	冬、夏	三有	LC

【形态特征】 体型大（90～98 cm），整体白色。比其他白色鹭体型大许多。喙较厚重，喙裂超过眼睛；颈部"S"形明显。繁殖羽：脸颊裸露皮肤青绿色；喙黑色；肩背部生有三列羽枝呈分散状的蓑羽。非繁殖羽：脸颊裸露皮肤黄色；喙黄色而喙端深色。跗跖及趾黑色。

【生活习性】 一般单独或成小群，在湿润或漫水的地带活动。站姿甚高直，从上方往下刺戳猎物。飞行优雅，振翅缓慢有力。

（左上图育雏 王晓谦；右上图非繁殖羽 段海生；下图繁殖羽 颜昌军）

中白鹭

英文名	拉丁名	居留型	保护级别	IUCN
Intermediate Egret	*Ardea intermedia*	夏、冬	三有	LC

【形态特征】 体型略大（62～70 cm），整体白色。虹膜黄色；眼先黄色；喙黄色，尖端黑，相对较短，喙裂不延伸到眼后；颈呈"S"形。跗跖及趾黑色。繁殖羽：背及胸部有松软的长丝状羽，喙及腿短期呈粉红色，脸部裸露皮肤灰色。

【生活习性】 喜稻田、湖畔、沼泽地。行走缓慢，飞行从容，与其他鹭类混群繁殖。

（左图繁殖羽 颜昌军；右上图非繁殖羽 吴春红；右下图非繁殖羽 吴春红）

白鹭

英文名	拉丁名	居留型	保护级别	IUCN
Little Egret	*Egretta garzetta*	夏、冬	三有	LC

【形态特征】 体型中等（55～68 cm），整体白色。体形纤瘦。虹膜黄色；眼先黄色；喙细长，黑色；跗跖黑色，趾黄色。繁殖羽：下喙黄色；羽纯白色；颈背具细长饰羽；背及胸具蓑状羽。

【生活习性】 喜稻田、河岸、沙滩、泥滩及沿海小溪流。成散群进食，常与其他种类混群。

（左上图繁殖羽 赵学迅；右上图非繁殖羽 吴春红；下图非繁殖羽 吴春红）

卷羽鹈鹕

英文名	拉丁名	居留型	保护级别	IUCN
Dalmatian Pelican	*Pelecanus crispus*	冬、旅	国家一级	NT

【形态特征】 体型硕大（160～183 cm），整体白色。喙巨大，铅灰色；喉囊黄色，繁殖时为橙红色；虹膜浅黄色，眼周裸皮浅色；颈背具卷曲的羽簇；通体白色。飞行时，翼下白色，仅初级飞羽黑色。跗跖及趾近灰色。

【生活习性】 喜开阔湿地，群居，捕食鱼类，善于飞行。

（左上图 王晓谦；右上图 王晓谦；下图 王晓谦）

普通鸬鹚

英文名	拉丁名	居留型	保护级别	IUCN
Great Cormorant	*Phalacrocorax carbo*	冬	三有	LC

【形态特征】 体型大（77～94 cm），整体黑色。喙黑色，较厚重，末端钩状，下喙基裸皮黄色；脸颊及喉部白色；繁殖羽头部和颈部具白色丝状饰羽；两胁具白色斑块。亚成鸟羽色略浅，呈深褐色，下体污白。跗跖及趾黑色。

【生活习性】 集大群活动，在水中凸起区或树枝上休息，善于游泳和潜水。

（左上图 傅伟；右上图 傅伟；下图 喻晓安）

棕三趾鹑

英文名	拉丁名	居留型	保护级别	IUCN
Barred Buttonquail	*Turnix suscitator*	留	三有	LC

【形态特征】 体型小（14～17 cm），雌雄近色。喙蓝灰色，较粗厚；虹膜白色。雌鸟：头黑色，密布白色斑点；脸颊和颈部具斑驳的白色鳞状纹；颏、喉及胸部黑色；上体红褐色，密布白色羽干纹；两胁、下胸、腹部至尾下覆羽浅红褐色；胸侧至翼上皮黄色，具排列紧密的黑色纵纹。雄鸟：似雌鸟；头、喉和胸无黑色。跗跖及趾灰色。

【生活习性】 活动于低海拔林地，性极其隐蔽，善奔跑，常在地面草丛中快速穿行。

（左上图雄 石胜超；右上图幼 石胜超；下图雄 石胜超）

反嘴鹬

英文名	拉丁名	居留型	保护级别	IUCN
Pied Avocet	*Recurvirostra avosetta*	冬	三有	LC

【形态特征】 体型大（42～45 cm），整体黑白色。头部上半部分黑色，延伸至后颈；黑色的喙细长而上翘；虹膜褐色；肩部黑色，具黑色翼上横纹；翅尖黑色，其他体羽白色。跗跖及趾黑色。

【生活习性】 集群活动于湖泊、沼泽，进食时喙在水中左右扫动，善游泳，能在水中倒立取食，飞行时不停地快速振翼并作长距离滑翔。

（左上图 吴春红；右上图 喻晓安；下图 吴春红）

黑翅长脚鹬

英文名	拉丁名	居留型	保护级别	IUCN
Black-winged Stilt	*Himantopus himantopus*	冬、夏	三有	LC

【形态特征】 体型略大（35～40 cm），整体黑白色。头部黑白色，个体差异较大，也有个体头部全白；喙细长，黑色；虹膜粉红色；颈背具黑色斑块；两翼黑色；体羽白色；幼鸟褐色较浓，头顶及颈背沾灰色。跗跖及趾红色，细长。

【生活习性】 集小群或大群活动于淡水环境，不会游泳，夜间也可觅食。

（左上图幼 吴春红；左中图 吴春红；左下图 吴春红；右图 喻晓安）

凤头麦鸡

英文名	拉丁名	居留型	保护级别	IUCN
Northern Lapwing	*Vanellus vanellus*	冬	三有	NT

【形态特征】 体型中等（28～31 cm），整体黑白色。喙近黑色；头顶黑色，具长窄的黑色反翻型凤头；耳羽黑色；头侧及喉部污白色，胸有较宽的横带；腹白；上体具黑绿色金属光泽；尾白而具宽的黑色次端带。跗跖及趾橙褐色。

【生活习性】 常集群活动，喜耕地、稻田或矮草地。

（左上图 吴春红；右上图 傅伟；下图 吴春红）

灰头麦鸡

英文名	拉丁名	居留型	保护级别	IUCN
Grey-headed Lapwing	*Vanellus cinereus*	夏	三有	LC

【形态特征】　体型略大（34～37 cm），整体灰白色。头及胸灰色；虹膜红色；喙黄色，尖端黑色；具有明显的黑色胸带；上背及背褐色；翼尖、尾部横斑黑色，翼后余部、腰、尾及腹部白色。亚成鸟似成鸟但褐色较浓且无黑色胸带。跗跖及趾黄色。

【生活习性】　集小群，栖息于近水的开阔地带、河滩、稻田及沼泽，繁殖期攻击性较强。

（左上图雏　赵学迅；右上图　刘德山；下图　吴春红）

金鸻

英文名	拉丁名	居留型	保护级别	IUCN
Pacific Golden Plover	*Pluvialis fulva*	旅	三有	LC

【形态特征】 体型中等（23～26 cm），雌雄同色。头较大；喙黑色，短厚；虹膜黑色。繁殖羽头顶、颈部到背部褐色，布满金黄色、黑色、白色的杂斑；脸、喉、胸前及腹部均为黑色；脸周及胸侧白色；两胁呈现黑白色条状斑纹。雌鸟繁殖羽下体也有黑色，但不如雄鸟多。非繁殖羽整体为金棕色，过眼纹、脸侧及下体均色浅。跗跖及趾灰色。

【生活习性】 常见于沿海海滩、河口、盐田、沼泽、湖泊等浅滩环境。

（左上图非繁殖羽 何霜梅；右上图过渡型羽毛 王晓谦；下图过渡型羽毛 颜军）

灰鸻

英文名	拉丁名	居留型	保护级别	IUCN
Grey Plover	*Pluvialis squatarola*	冬、旅	三有	LC

【形态特征】 体型中等（27～31 cm），雌雄同色。喙黑色；虹膜褐色。繁殖羽两颊、颏、喉、前胸为黑色；前额到眉纹到两胁为浅灰色；头顶为淡褐色至褐色；后颈到上体羽色为灰、黑、白色的杂斑；尾羽布满黑色横斑；飞行时可见腋下羽毛为大片黑色。跗跖及趾灰色。

【生活习性】 常见于沿海海滩、河口、盐田、沼泽、湖泊等浅滩环境，常见于内陆。

（左上图非繁殖羽 涂文波；右上图非繁殖羽 王晓谦；下图非繁殖羽 段海生）

长嘴剑鸻

英文名	拉丁名	居留型	保护级别	IUCN
Long-billed Plover	*Charadrius placidus*	冬、夏	三有	LC

【形态特征】 体型小（19～21 cm），雌雄同色。喙略长，黑色；虹膜褐色；前额白色，其后有一较宽的黑色横纹；白色眉纹未在头顶相连；尾羽较剑鸻及金眶鸻长；翼上具较细且暗淡的白色横纹。繁殖羽为具黑色的前顶横纹和全胸带，但过眼纹灰褐色而非黑色。亚成鸟同剑鸻及金眶鸻。跗跖及趾暗黄色。

【生活习性】 喜山间溪流、河谷等砾石环境。迁徙时也见于河流、湖泊、沼泽、水田等地。

（左上图 刘德山；右上图 段海生；下图 段海生）

金眶鸻

英文名	拉丁名	居留型	保护级别	IUCN
Little Ringed Plover	*Charadrius dubius*	旅、冬、夏	三有	LC

【形态特征】 体型小（14～17 cm），整体黑灰白色。喙短；额白；顶具黑带；具明显的金色眼圈；具黑色的过眼纹，黑色或褐色的全胸带；腹白；飞行时翼上无白色横纹。跗跖及趾黄色。

【生活习性】 喜沼泽、水田、河流沿岸，单只或成对活动，常快步小跑式行进，啄食浮出水面的生物。

（左上图 刘德山；右上图 刘德山；下图 刘德山）

环颈鸻

英文名	拉丁名	居留型	保护级别	IUCN
Kentish Plover	*Charadrius alexandrinus*	旅、冬、夏	三有	LC

【形态特征】　体型小（15～17 cm），整体褐白色。喙短，黑色；虹膜褐色。雄鸟：头顶至颈部棕色；具明显白色颈环；胸部两侧有黑色条斑。雌鸟：头顶褐色，白色颈环略宽，胸部两侧有褐色条斑；背及两翼棕褐色；胸腹白色。飞行时具白色翼上横纹，尾羽外侧白色。跗跖及趾黑色。

【生活习性】　常集群，喜多种水域环境，与其他小型鸻鹬类混群，常快速小跑式行进，觅食依潮汐而动。

（左上图雌 段海生；右上图雄 段海生；下图群体 段海生）

东方鸻

英文名	拉丁名	居留型	保护级别	IUCN
Oriental Plover	*Charadrius veredus*	旅	三有	LC

【形态特征】 体型中等（22～26 cm），整体白及褐色。喙黑色；虹膜褐色。繁殖羽：眉纹白色在眼线交汇连接到一起；头顶、枕部棕褐色；上体灰褐色；脸、颏到颈部白色；颈下至胸部为淡黄褐色逐渐过渡到红棕色，其下缘有一黑色颈环；腹部到尾下覆羽白色；腋下羽毛褐色；尾羽端部有白色斑纹。非繁殖羽：脸部及喉部变为黄褐色；胸部红色区域减少，黑色胸带消失。跗跖及趾黄色。

【生活习性】 喜开阔草原等地带，也可见于淡水湖泊、河流、沼泽以及海滨。

（左上图雌 刘德山；右上图雌 刘德山；下图雄 刘德山）

彩鹬

英文名	拉丁名	居留型	保护级别	IUCN
Greater Painted-snipe	*Rostratula benghalensis*	夏	三有	LC

【形态特征】 体型中等（23～28 cm），雌雄异色，雌鸟较雄鸟艳丽。喙黄色，长，尖端略下弯；虹膜红色。雌鸟：头及胸深栗色；眼周白色，并向脑后延伸形成粗的白色过眼纹；顶冠纹黄色，并有两道细的白色侧冠纹；背及两翼偏橄榄绿；背上具棕黄色的"V"形长纹；白色条带绕肩至白色的下体。雄鸟：体型较雌鸟小而色暗；体色为棕绿色，布满黄色、浅棕色等各色杂斑；翼覆羽具金色点斑；眼斑黄色。跗跖及趾黄色。

【生活习性】 居于水塘、沼泽、稻田、红树林等芦苇、高草密布的湿地环境。雄鸟负责孵化和育雏。

（左上图雄 刘德山；右上图雌 王晓谦；下图雌雄 王晓谦）

水雉

英文名	拉丁名	居留型	保护级别	IUCN
Pheasant-tailed Jacana	*Hydrophasianus chirurgus*	夏	国家二级	LC

【形态特征】 体型略大（39～58 cm），整体深褐色及白色。非繁殖羽：头顶黑褐色；喙黄色；具白色宽眉纹；黑色的过眼纹下延至颈侧；下枕部黄色；背及胸上横斑灰褐色；颏、前颈、喉及腹部白色；两翼近白色。繁殖羽：头部及前颈部白色；喙蓝灰色；后颈金黄色；腹部棕褐色；中央尾羽延长。跗跖及趾淡绿色，趾长。

【生活习性】 集小群活动于浮水植物较多的池塘及湖泊，喜在浮水植物上行走，姿态优美，一雄多雌，于浮水植物叶片上筑巢。

（左上图育雏 刘德山；右上图幼 吴春红；下图 吴春红）

中杓鹬

英文名	拉丁名	居留型	保护级别	IUCN
Whimbrel	*Numenius phaeopus*	旅	三有	LC

【形态特征】 体型中等（40 ～ 46 cm），雌雄同色。喙粗壮，黑色，长而下弯，长度约为头长的 1.5 倍；虹膜褐色；顶冠纹黑色；有浅色眉纹和黑色过眼纹；颊纹色浅；喉和颈部布满细密的褐色纵纹；上体羽色基本为黑褐色，有细密的浅色斑纹；胸腹部色浅，有褐色纹理；腰部白色。跗跖及趾蓝灰色。

【生活习性】 主要沿海迁徙，内陆少见，常见于东部沿海泥滩。

（左上图 喻晓安；右上图 喻晓安；下图 段海生）

大杓鹬

英文名	拉丁名	居留型	保护级别	IUCN
Far Eastern Curlew	*Numenius madagascariensis*	旅	国家二级	EN

【形态特征】 体型较大（53 ～ 66 cm），雌雄同色。喙极长而下弯，长度可达 18 cm，喙基红色，喙尖黑色；虹膜褐色，体羽灰褐色，布满深褐色的斑纹；飞行时翼下密布细密的深褐色横纹；胸腹和腰部羽毛为灰褐色，布满细密的褐色斑纹。跗跖及趾灰色。

【生活习性】 主要种群沿东亚－澳大利西亚迁飞线路，偶见于湖北、陕西，偶见在海南越冬，或偶见在黄渤海滩涂度夏个体。

（左上图 段海生；右上图 段海生；下图 段海生）

黑尾塍鹬

英文名	拉丁名	居留型	保护级别	IUCN
Black-tailed Godwit	*Limosa limosa*	旅	三有	NT

【形态特征】 体型较大（37～42 cm），雌雄同色。喙长且直，喙基粉色，喙尖黑色；虹膜褐色。繁殖羽：头顶为板栗色，具暗色细条纹；眉纹乳白色，到眼后变为栗色；过眼纹褐色；后颈栗色，具黑褐色细条纹；头颈棕色；肩背黑色，两翅覆羽灰褐色；三级和初级飞羽黑色，内侧初级飞羽基部白色；次级飞羽末端黑色，其余白色，展翅时形成白色翅斑；腰和尾上覆羽白色；尾羽前端黑色；腹白色，有细密的横纹。冬羽：主体呈灰褐色。眉纹白色，前颈和胸灰色，其余下体白色，两胁缀有灰色斑点。跗跖及趾灰绿色。

【生活习性】 繁殖于草原。越冬时在沿海、内陆湿地均可见到。

（左上图 段海生；右上图 段海生；下图 王晓谦）

大滨鹬

英文名	拉丁名	居留型	保护级别	IUCN
Great Knot	*Calidris tenuirostris*	旅	国家二级	EN

【形态特征】 体型中等（26～30 cm），雌雄同色。繁殖羽：头部灰白色，多灰褐色斑纹；胸部具面积较大的黑色斑纹；肩和背部灰黑色，具栗红色斑块。非繁殖羽：上体和胸色较淡、较灰；黑色轴纹不明显；肩部栗红色消失；胸部黑带变为细的黑褐色纵纹或斑点；两胁微具纵纹。

【生活习性】 主要以软体动物为食，喜食双壳类。常成群活动于河口沙滩和海岸潮间带。觅食时常将喙插入泥中探觅食物，常沿水边沙滩和泥地边走边觅食。

（左上图 王晓谦；右上图 王强；下图 王晓谦）

流苏鹬

英文名	拉丁名	居留型	保护级别	IUCN
Ruff	*Calidris pugnax*	旅、冬	三有	LC

【形态特征】　体型中等（23～28 cm），雌雄异色。喙短且直，褐色，喙基近黄色，冬季喙灰色；虹膜褐色；头小，颈长；喉、颈皮黄色。非繁殖羽：上体深褐色，有浅色鳞片状斑；腹部到尾下覆羽白色；两胁有少许横纹；飞行时翼上有狭窄的白色横纹；尾羽深色，两侧各有一块白色显眼斑纹。繁殖羽：雄鸟全身棕红色，有明显的黑色横纹；头颈部羽毛蓬松呈披风状。跗跖及趾有黄、绿、橙、褐等多种颜色。

【生活习性】　于亚欧大陆冻原地带繁殖，常集小群，栖息于沼泽地带，喜隐藏于高草丛。

（左上图非繁殖羽　赵学迅；右上图非繁殖羽　颜军；下图非繁殖羽　颜军）

青脚滨鹬

英文名	拉丁名	居留型	保护级别	IUCN
Temminck's Stint	*Calidris temminckii*	旅、冬	三有	LC

【形态特征】　体型小（13～15 cm），雌雄同色。喙黑色；虹膜褐色，有深色过眼纹；头颈灰褐色；部分翼上羽毛黑色，有黄褐色羽缘；胸腹部白色和头颈灰褐色分界清晰；飞行时翼上有白色翼斑；腰部到尾羽的中间有黑色纵纹。跗跖及趾绿色。

【生活习性】　一般在沿海滩涂和沼泽泥滩栖息，成群活动，常成群盘旋飞行。

（左上图　喻晓安；右上图　王晓谦；下图　段海生）

长趾滨鹬

英文名	拉丁名	居留型	保护级别	IUCN
Long-toed Stint	*Calidris subminuta*	旅	三有	LC

【形态特征】 体型小（13～16 cm），雌雄同色。喙黑色；虹膜深褐色；头顶棕黄色，布满细密的黑色纵纹；有明显的浅色眉纹；眼先深褐色；颈部到胸部褐色，和下胸及腹部的白色羽毛有明显的界线；背部羽毛褐色；部分翼上羽毛黑色，并有黄色边缘；飞行时翼上飞羽根部有明显的白色翼斑；自腰部到尾羽中央有贯穿的黑色条纹。跗跖及趾黄绿色。

【生活习性】 常见于河岸、湖泊、池塘、沼泽、水田等湿地环境。

（左上图 王晓谦；右上图 傅伟；下图 段海生）

红颈滨鹬

英文名	拉丁名	居留型	保护级别	IUCN
Red-necked Stint	*Calidris ruficollis*	旅	三有	NT

【形态特征】 体型小（13～16 cm），雌雄同色。喙黑色；虹膜褐色。繁殖羽：头、颈及喉部棕红色；眉纹不清晰；头顶及后颈有细密的褐色斑纹；上腹羽色为褐色，下腹为白色；肩背羽毛沾有棕色斑点。非繁殖羽：羽色基本为褐色；有灰白色斑纹；眉纹白色；过眼纹褐色；颈前白色；胸部有一褐色半环。跗跖及趾黑色。

【生活习性】 沿海滩涂、河口以及内陆湿地可见，喜湿润的泥滩环境。

（左上图非繁殖羽 王晓谦；右上图非繁殖羽 王晓谦；下图非繁殖羽 刘德山）

黑腹滨鹬

英文名	拉丁名	居留型	保护级别	IUCN
Dunlin	*Calidris alpina*	冬	三有	NT

【形态特征】 体型小（16～22 cm），雌雄同色。喙褐色；虹膜褐色。非繁殖羽：体色较浅，主要为灰褐色；腹部白色。繁殖羽：体羽多为棕褐色；具有明显的白色眉纹；眉纹在非繁殖羽期转变为白色眼先及眼圈；腹部出现一块大型黑色斑点；喉部白色；胸部有细密的褐色纵纹组成的胸带；翼上羽毛有白色翼斑；尾上覆羽白色；尾灰色，中央尾羽长而黑。跗跖及趾深灰色。

【生活习性】 沿海湿地和内陆湿地常见，喜群居、常成群起飞做折返飞行，看起来在空中黑白交替变化。

（左上图繁殖羽 段海生；右上图非繁殖羽 段海生；下图非繁殖羽 段海生）

半蹼鹬

英文名	拉丁名	居留型	保护级别	IUCN
Asian Dowitcher	*Limnodromus semipalmatus*	旅	国家二级	NT

【形态特征】 体型较大（33～36 cm），雌雄同色。喙黑色，长且直；虹膜褐色；繁殖期头颈红褐色，非繁殖期体色灰；有白色眉纹和黑色过眼纹；喙基的脸部羽毛白色；两胁有黑白色条状斑纹；腰部有灰色细纹，无明显白斑。跗跖及趾黑色。

【生活习性】 成群活动于沼泽、湖边等浅水水域。常将喙垂直插入水底淤泥取食，并做垂直拔出的动作，似缝纫机。

（左上图 傅伟；右上图 傅伟；下图 傅伟）

丘鹬

英文名	拉丁名	居留型	保护级别	IUCN
Eurasian Woodcock	*Scolopax rusticola*	冬	三有	LC

【形态特征】 体型稍大（33～38 cm），整体棕褐色。整体肥胖，腿短。喙长且直，基部带粉色，端部黑色；眼睛位于头顶后侧，虹膜褐色；头顶及颈背具数条粗的深色横斑；上体羽毛为布满条纹的棕、褐、灰等各色的杂斑；下体布满细密的黑色条纹。跗跖及趾粉灰色。

【生活习性】 居于潮湿的山林里。喜针阔叶混合林，林间沼泽、湿草地和林缘灌丛也可见到。起飞时振翅声较大，飞行速度缓慢、笨重。

（左上图　喻晓安；右上图　喻晓安；下图　喻晓安）

扇尾沙锥

英文名	拉丁名	居留型	保护级别	IUCN
Common Snipe	*Gallinago gallinago*	冬	三有	LC

【形态特征】 体型中等（24～29 cm），整体褐色。喙长，褐色末端色深；脸皮黄色，虹膜褐色；眼部上下条纹及过眼纹色深；上体深褐色，具白色及黑色的细纹及蠹斑；下体淡皮黄色，具褐色纵纹；飞行时翼下覆羽具有显著的白色区域，无斑纹，次级飞羽末端白色。跗跖及趾橄榄色。

【生活习性】 喜湖泊、沼泽及稻田等湿润环境，较隐蔽，被惊扰时呈锯齿形飞行，并发出警叫声。繁殖期空中炫耀为向上攀升并俯冲，外侧尾羽伸出，颤动有声。

（左上图 喻晓安；右上图 段海生；下图 段海生）

红颈瓣蹼鹬

英文名	拉丁名	居留型	保护级别	IUCN
Red-necked Phalarope	*Phalaropus lobatus*	旅	三有	LC

【形态特征】 体型小（16～20 cm），雌雄同色。喙黑色且细长；虹膜褐色。繁殖羽：头顶灰褐色；眉纹暗红色连接到后颈和喉部似围兜；过眼纹黑色；颊、颏及上喉部白色；颈部具黑色颈环；肩羽金黄色；上体羽毛深灰色；下体羽毛白色；飞行时形态似燕，有明显的白色翼斑。非繁殖羽：体色为灰白色；红棕色退去变为灰白色。跗跖及趾灰色。

【生活习性】 在沿海和内陆湿地均可见到。善游泳，越冬时在海面活动。

（左上图非繁殖羽 傅伟；右上图非繁殖羽 傅伟；下图非繁殖羽 傅伟）

矶鹬

英文名	拉丁名	居留型	保护级别	IUCN
Common Sandpiper	*Actitis hypoleucos*	冬、留	三有	LC

【形态特征】 体型略小（16 ～ 22 cm），整体褐色及白色。喙短；头顶褐色；具白色眉纹，并延伸到眼后；上体褐色；飞羽近黑色；下体白色；胸侧具褐灰色斑块，飞行时翼上具白色横纹；腰无白色，外侧尾羽无白色横斑；翼下具黑色及白色横纹。跗跖及趾橄榄绿色。

【生活习性】 喜单独活动，偏好有岩石的湿地环境，行走时头不停地点动，并具两翼僵直滑翔的特殊姿势。

（左上图 段海生；右上图 王晓谦；下图 刘德山）

白腰草鹬

英文名	拉丁名	居留型	保护级别	IUCN
Green Sandpiper	*Tringa ochropus*	冬	三有	LC

【形态特征】 体型略小（21～24 cm），整体矮壮。喙橄榄绿色；头颈及胸部深褐色，斑点不明显；翼上圆斑较暗淡；腹部及臀白色；飞行时黑色的翼下、白色的腰部以及尾部的横斑极明显；飞行时脚伸至尾后。跗跖及趾黄色。

【生活习性】 常单独活动，喜小水塘及池塘、沼泽地及沟壑，站立时身体后部常上下颤动，受惊时起飞，呈锯齿形飞行。

（左上图　王强；右上图　刘德山；下图　段海生）

灰尾漂鹬

英文名	拉丁名	居留型	保护级别	IUCN
Grey-tailed Tattler	*Tringa brevipes*	旅	三有	LC

【形态特征】 体型中等（23～28 cm），雌雄同色。喙粗壮，黑色；虹膜褐色；具白色较粗眼先，有白色眉纹和黑色过眼纹；体色灰；胸腹部白色；背部灰色；飞行时翼下色深；非繁殖期两胁无明显斑纹，繁殖期两胁具深色鱼鳞状斑纹。跗跖及趾黄色。

【生活习性】 常单独或集小群活动，在退潮海滩跑动觅食，也会到浅水区活动。

（左上图非繁殖羽 段海生；右上图非繁殖羽 段海生；下图非繁殖羽 段海生）

鹤鹬

英文名	拉丁名	居留型	保护级别	IUCN
Spotted Redshank	*Tringa erythropus*	冬、旅	三有	LC

【形态特征】 体型中等（26～33 cm），整体灰褐色。喙长且直，末端略下弯，下喙基部红色；虹膜褐色。繁殖羽：羽黑色并具白色点斑；跗跖及趾黑色。非繁殖羽：整体灰褐色；过眼纹明显；两翼色深并具白色点斑；腰白色并延伸至背部；下体纯白色；飞行时翼缘无白色；脚伸出尾后较长；跗跖及趾橘黄色。

【生活习性】 常集群，喜鱼塘、滩涂及沼泽地带，在泥滩啄食，浅水中用喙在水中扫动觅食，会游泳。

（左上图非繁殖羽 刘德山；右上图过渡型羽毛 刘德山；下图非繁殖羽 吴春红）

青脚鹬

英文名	拉丁名	居留型	保护级别	IUCN
Common Greenshank	*Tringa nebularia*	冬	三有	LC

【形态特征】 体型中等（30～35 cm），整体灰色。灰色的喙长而粗且略向上翘，基部黄绿色；喉、胸及两胁具褐色纵纹；上体灰褐色，具杂色斑纹；翼尖及尾部横斑近黑色；下体白色；背部至腰部的白色长条于飞行时尤为明显，飞行时可见翼下灰暗，具深色细纹。跗跖及趾黄绿色。

【生活习性】 喜沿海和内陆的沼泽地带及大河流的泥滩。通常单独或两三成群。进食时喙在水里左右甩动寻找食物，头紧张地上下点动。

（左上图 喻晓安；右上图 段海生；下图 段海生）

红脚鹬

英文名	拉丁名	居留型	保护级别	IUCN
Common Redshank	*Tringa totanus*	旅	三有	LC

【形态特征】 体型中等（26 ～ 29 cm），整体灰褐色。喙基部到中段红色，喙中段到喙尖黑色；虹膜褐色；体形显短胖，上体褐色，下体白色，胸部具纵向褐色粗条纹。飞行时露出腰背部白色菱形大斑；次级飞羽及内侧初级飞羽的白色连成一条宽大的白色翼斑。跗跖及趾橙红色。

【生活习性】 中国西部较常见，东部少见。繁殖于草地或湖泊，越冬期在沿海和内地湿地均可见到。

（左上图 刘德山；右上图 刘德山；下图 刘德山）

林鹬

英文名	拉丁名	居留型	保护级别	IUCN
Wood Sandpiper	*Tringa glareola*	旅	三有	LC

【形态特征】 体型略小（19～23 cm），整体褐灰色。喙黑色，基部橄榄绿；白色眉纹延伸至眼后；颈及胸部灰褐色并具斑点；腹部及臀偏白色；腰白色；翼羽黑褐色，密布明显白色斑点；尾白色并具褐色横斑；飞行时尾部的横斑，白色的腰部和下翼以及翼上无横纹为其特征，脚远伸于尾后。跗跖及趾淡黄色至橄榄绿。

【生活习性】 单独或集小群活动于沼泽或稻田，在浅水区觅食，觅食时身体后部常上下抽动。

（左上图 段海生；右上图 喻晓安；下图 段海生）

泽鹬

英文名	拉丁名	居留型	保护级别	IUCN
Marsh Sandpiper	*Tringa stagnatilis*	旅	三有	LC

【形态特征】 体型中等（22～26 cm），整体灰黑色。体形纤细；喙黑色，细短且直；虹膜褐色；额白色；眉纹白色；过眼纹棕褐色；两翼及尾近黑色；上体灰褐色；腰及下背白色；下体白色。跗跖及趾偏绿色。

【生活习性】 繁殖于草原中的沼泽湿地，越冬于沿海、河口、沼泽、湖泊等湿地。

（左上图 段海生；右上图 王晓谦；下图 王晓谦）

普通燕鸻

英文名	拉丁名	居留型	保护级别	IUCN
Oriental Pratincole	*Glareola maldivarum*	夏、旅	三有	LC

【形态特征】 体型中等（24 ～ 28 cm），雌雄同色。形态似燕；喙宽阔，黑色，基部猩红色；虹膜深褐色；有白色眼圈，眼线黑色；头顶到上体棕褐色，具橄榄色光泽；喉皮黄色，有一条黑色边缘（冬季黑色较模糊）；翼尖长，两翼近黑色；翼下覆羽红色；腹部灰色；尾上覆羽白色；尾下白色；叉形尾黑色，但基部及外缘白色。跗跖及趾深褐色。

【生活习性】 常见于河流、湖泊、水塘、沼泽等湿地附近的草滩或者沙滩，也会在耕地或近海沙滩活动。

（左上图 魏斌；右上图 刘德山；下图 姚波）

红嘴鸥

英文名	拉丁名	居留型	保护级别	IUCN
Black-headed Gull	*Chroicocephalus ridibundus*	冬、旅	三有	LC

【形态特征】　体型中等（36～42 cm），整体灰白色。非繁殖羽：眼后具黑色点斑；喙红色，尖端黑；翼前缘白色，翼尖的黑色并不长，翼尖无或微具白色点斑。繁殖羽：头部为深巧克力褐色且至顶后；白色眼圈较窄；喙红色。第一冬羽：尾近尖端处具黑色横带，翼后缘黑色，体羽杂褐色斑。跗跖及趾暗红色。

【生活习性】　适应各类湿地环境，在城市湖泊常见，集群活动。

（左上图繁殖羽 王晓谦；右上图非繁殖羽 王晓谦；下图非繁殖羽 吴春红）

渔鸥

英文名	拉丁名	居留型	保护级别	IUCN
Pallas`s Gull	*Ichthyaetus ichthyaetus*	冬	三有	LC

【形态特征】 体型较大（58～67 cm），整体白色。喙绿黄色；虹膜黄色。繁殖羽：头部黑色；眼上下有白色眼睑；初级飞羽黑色，羽尖白色；尾白色。冬季头及颈黑色退为白色，散见褐色细纹；有时喙尖有黑色。第一年冬鸟尾部具黑色次端带；头、颈、胸及两胁具浓密的褐色纵纹；上体具褐斑。第二年鸟似成鸟但头上褐色较深。跗跖及趾黄绿色。

【生活习性】 繁殖于高原湿地，在沿海及内陆湿地越冬，善于飞行和捕鱼。

（左上图亚成鸟 喻晓安；右上图亚成鸟 喻晓安；下图亚成鸟 喻晓安）

黑尾鸥

英文名	拉丁名	居留型	保护级别	IUCN
Black-tailed Gull	*Larus crassirostris*	冬	三有	LC

【形态特征】 体型中等（46～48 cm）。喙黄色，喙尖有两黑夹一白的斑点；虹膜近白色，眼周红色；成鸟头颈和身体羽毛白色；翼上羽毛灰色，飞羽黑色，每翼初级飞羽共有 4 个白色斑点，翼下覆羽色浅，飞羽沾灰色；尾羽黑色，有白边。亚成鸟喙尖为黑色斑点；逐年体色从灰褐色转变为成鸟羽色。跗跖及趾黄色。

【生活习性】 在我国黄渤海一带的海上岛礁繁殖，在长江流域西南地区越冬。叫声似猫，因此也被称为"猫鸥"。

（左上图繁殖羽 陶旭东；右上图亚成鸟 段海生；下图非繁殖羽 段海生）

西伯利亚银鸥

英文名	拉丁名	居留型	保护级别	IUCN
Vega Gull	*Larus vegae*	冬	三有	LC

【形态特征】 体型较大（55～68 cm），雌雄同色。喙黄色，下喙前端有红点；虹膜浅黄色。成鸟体羽白色，背部及翼上羽毛灰色，初级飞羽黑色，有白色斑点。冬季头颈有褐色杂斑；第一年冬鸟通体为褐色杂斑，喙黑色；第二年冬鸟色略淡而多灰色，喙黄色而尖端黑。跗跖及趾粉色。

【生活习性】 滨海湿地和内陆湿地均可见到。常集群活动，缓慢飞行觅食。

（左上图亚成鸟 段海生；右上图 刘德山；下图 刘德山）

白额燕鸥

英文名	拉丁名	居留型	保护级别	IUCN
Little Tern	*Sternula albifrons*	夏	三有	LC

【形态特征】 体型小（24 cm）。喙黄色，尖端黑色；虹膜褐色；前额有一浅色短条纹，头顶到后枕黑色；过眼纹黑色；体色颜色浅；两翼羽毛为较深一些的灰色，外侧初级飞羽黑色；尾羽深叉形。跗跖及趾黄色。

【生活习性】 栖息于湿地环境，内陆河流、湖泊有分布，海边沙滩较常见，喜与其他燕鸥混群。

（左上图 吴春红；右上图雏鸟和卵 吴春红；下图育雏 吴春红）

灰翅浮鸥

英文名	拉丁名	居留型	保护级别	IUCN
Whiskered Tern	*Chlidonias hybrida*	夏	三有	LC

【形态特征】 体型略小（23 ～ 28 cm），整体浅灰色。繁殖羽：喙红色，额至枕部黑色，胸腹深灰色。非繁殖羽：喙暗红色，额白色，头顶具黑色细纹，顶后及颈背黑色，下体白色，翼、颈背、背及尾上覆羽灰色。幼鸟似成鸟但具褐色杂斑。停歇时翅尖明显超过尾尖，跗跖及趾红色。

【生活习性】 结小群活动，偶成大群，在漫水地和稻田上空觅食，取食时扎入浅水或低掠水面。

（左上图 刘德山；右上图 雏鸟 刘德山；下图 育雏 刘德山）

白翅浮鸥

英文名	拉丁名	居留型	保护级别	IUCN
White-winged Tern	*Chlidonias leucopterus*	旅	三有	LC

【形态特征】 体型小（20～25 cm），整体灰白色。繁殖羽：喙红色；头、颈、胸、腹、背为黑色；翼下覆羽黑色，翼上覆羽白色，前几根初级飞羽深灰色，其余飞羽灰色；腰到尾羽白色。非繁殖羽：上体灰色；头、颈、喉、胸、腹为白色，头顶剩黑色条纹；耳后有一黑色耳斑，并延伸到脑后。跗跖及趾红色。

【生活习性】 栖息于河流、湖泊、沼泽、池塘、水田等淡水湿地，河口和滨海湿地也可见到。在挺水植物丰富的地域繁殖。

（左上图非繁殖羽 傅伟；右上图非繁殖羽 傅伟；下图繁殖羽 王晓谦）

草鸮

英文名	拉丁名	居留型	保护级别	IUCN
Eastern Grass Owl	*Tyto longimembris*	留	国家二级	LC

【形态特征】 体型中等（32～38 cm），整体黄色及浅褐色。喙米黄色；虹膜褐色；有心形脸盘，皮黄色；上体深褐色，多有黑色、褐色、白色的点斑或条纹，下体具深色交错斑纹。跗跖及趾白色。

【生活习性】 夜行性，常单独活动。繁殖期夫妻协同育雏。常巡飞于开阔草地、草滩，喜湿地环境。

（左上图　王晓谦；右上图　王晓谦；下图　王晓谦）

日本鹰鸮

英文名	拉丁名	居留型	保护级别	IUCN
Northern Boobook	*Ninox japonica*	夏、旅	国家二级	LC

【形态特征】 体型中等（27～33 cm），雌雄同色。喙蓝灰色，基部白色；眼大，虹膜亮黄色；头部无耳羽簇等突起物，面庞灰色；上体深褐色；胸腹色浅，有棕褐色的大型斑纹；臀羽白色。跗跖及趾黄色。

【生活习性】 栖息于中低海拔高度。黄昏前活动于林缘地带，飞行追捕空中昆虫；有时以家庭为群围绕林中空地一起觅食。筑巢于树洞中，会利用鸳鸯等其他鸟类的旧树洞。

（左上图 郝江；右上图 郝江；下图 郝江）

斑头鸺鹠

英文名	拉丁名	居留型	保护级别	IUCN
Asian Barred Owlet	*Glaucidium cuculoides*	留	国家二级	LC

【形态特征】 体型小（22～26 cm），整体棕褐色。面盘灰褐色；虹膜黄色；喙偏绿色；头顶多细密的横纹，无耳羽簇；具明显的白色颏纹；肩部有一道白色线；胸至上腹具棕栗色横斑；下腹白色，具模糊的深褐色纵斑；两胁栗色；尾较领鸺鹠长。跗跖及趾黄绿色。

【生活习性】 栖息于中低海拔开阔地带，适应林地到村庄多种生境，夜间活动频繁。

（左上图 喻晓安；右上图 育雏 喻晓安；下图 颜昌军）

纵纹腹小鸮

英文名	拉丁名	居留型	保护级别	IUCN
Little Owl	*Athene noctua*	留	国家二级	LC

【形态特征】 体型小（20 ～ 26 cm），雌雄同色。喙黄色；虹膜黄色；无明显耳羽簇，体表棕褐色。有粗壮而且长的横卧的白色眉纹，眼周羽毛白色；有不明显的白色颈纹；胸腹部有显著的褐色纵纹；跗跖被羽，白色。

【生活习性】 喜在开阔地栖息，好奇心强，常神经质地点动或者转动头部进行观察，常直立站立，做快速振翅的波状飞行。

（左上图 郝江；右上图 郝江；下图 郝江）

北领角鸮

英文名	拉丁名	居留型	保护级别	IUCN
Japanese Scops Owl	*Otus semitorques*	留	国家二级	LC

【形态特征】 体型略大（21～26 cm），整体灰褐色。喙灰黑色；虹膜橙红色；体色偏灰色或褐色；有突起的耳羽簇；眼间形成"X"形纹理；颈部有浅色颈圈；下体有明显的黑褐色羽干，具极浅褐色波状横纹。跗跖及趾被羽。

【生活习性】 夜行性，栖息于茂密的树林，白天躲在茂盛的树冠里，在树洞营巢繁殖。

（左上图雏 喻晓安；右上图 王晓谦；下图 段海生）

领角鸮

英文名	拉丁名	居留型	保护级别	IUCN
Collared Scops Owl	*Otus lettia*	留	国家二级	LC

【形态特征】 体型小（23～25 cm）。喙黄色；虹膜深褐色；体色整体偏灰色或灰褐色，布满黑色、褐色、黄色条状斑纹；有明显的耳羽簇并延伸到喙基部；脸盘有褐色边缘；下体皮黄色，有褐色条纹。跗跖及趾污黄色。

【生活习性】 栖息于海拔 2200 m 以下的山林地带，也会靠近村庄或城镇等地。

（左上图 刘德山；右上图 刘德山；下图 刘德山）

红角鸮

英文名	拉丁名	居留型	保护级别	IUCN
Oriental Scops Owl	*Otus sunia*	夏	国家二级	LC

【形态特征】 体型小（16～22 cm），整体褐色斑驳。分灰色型和红褐色型。面盘灰褐色；密布纤细黑纹；喙角质色；虹膜黄色；领圈淡棕色；胸满布黑色条纹；下体有明显的褐色羽干纹。跗跖及趾褐灰色。

【生活习性】 夜行性，白天躲藏于林间，营巢于旧树洞。

（左上图 刘德山；右上图 吴春红；下图 王晓谦）

长耳鸮

英文名	拉丁名	居留型	保护级别	IUCN
Long-eared Owl	*Asio otus*	冬	国家二级	LC

【形态特征】　体型中等（33～40 cm），整体褐色。喙灰色；虹膜橙黄色；头顶有两道耳状簇生羽毛；两眼中间喙两侧有浅灰色的"X"形图案；具明显的脸盘；体羽有明显的褐色斑纹，胸腹部有黑色细条纹。跗跖及趾偏粉色。

【生活习性】　常栖息于针叶林、针阔叶混交林，夜行性，捕食鼠类、蛙类、蜥蜴、小型鸟类以及大型昆虫。

（左上图　颜昌军；右上图　傅伟；下图　傅伟）

短耳鸮

英文名	拉丁名	居留型	保护级别	IUCN
Short-eared Owl	*Asio flammeus*	冬	国家二级	LC

【形态特征】 体型中等（35 ～ 40 cm），整体黄褐色。面庞显著，具短小的耳羽簇；喙深灰色；虹膜黄色；上体黄褐色，满布黑色和皮黄色纵纹；下体皮黄色，具深褐色纵纹；飞行时有明显的黑色腕斑。跗跖及趾灰白色。

【生活习性】 栖息于中低海拔开阔地，常在地面营巢，也可以利用树洞繁殖，晨昏活动，白昼隐匿于草丛中，飞行缓慢。

（左上图 郝江；右上图 王晓谦；下图 赵学迅）

雕鸮

英文名	拉丁名	居留型	保护级别	IUCN
Northern Eagle Owl	*Bubo bubo*	留	国家二级	LC

【形态特征】 体型大（59～73 cm），雌雄同色。喙灰色；虹膜橙红色；头部有明显的耳状羽簇；体色为斑驳的褐色，间杂有黑色斑点；腹部羽毛有细密的黑色条纹。跗跖及趾黄色。

【生活习性】 夜行性，喜山林地带，常以鼠类、野兔等小型哺乳类动物为食。

（左上图 郝江；右上图 郝江；下图 郝江）

黄腿渔鸮

英文名	拉丁名	居留型	保护级别	IUCN
Tawny Fish Owl	*Ketupa flavipes*	留	国家二级	LC

【形态特征】　体型大（48～55 cm），整体棕色。喙黑色；虹膜绿色；头顶具长的角状耳羽；喉部有白色喉纹；体色棕黄，具深褐色纵纹。跗跖灰色无被毛。

【生活习性】　栖息于山区茂密森林的溪流边，以鱼类为食。

（左上图　王晓谦；右上图　郝江；下图　郝江）

鹗

英文名	拉丁名	居留型	保护级别	IUCN
Osprey	*Pandion haliaetus*	留	国家二级	LC

【形态特征】 体型中等（56～62 cm），雌雄同色。喙黑色；蜡膜灰色；虹膜黄色；头顶白色；有黑色过眼纹；颈、肩、背深褐色；喉、胸、腹及翼下覆羽白色；胸部有褐色羽毛环绕形成的胸带；飞行时两翼拱起，呈"M"形，翼尖的初级飞羽分为5枚翼指。跗跖被毛，裸露部分和趾为灰色。

【生活习性】 栖息于大湖大江等大水面，在水上盘旋觅食，会扎入水中捕鱼。

（左上图 郝江；右上图 郝江；下图 郝江）

黑翅鸢

英文名	拉丁名	居留型	保护级别	IUCN
Black-shouldered Kite	*Elanus caeruleus*	留	国家二级	LC

【形态特征】 体型小（31～37 cm），整体灰白色。喙黑色；虹膜红色；头顶、后颈到上体灰色；眼线、眉上、脸、喉、胸、腹白色；肩部羽毛黑色；初级飞羽黑色；尾上覆羽、尾下覆羽白色。跗跖及趾黄色。

【生活习性】 喜开阔草原、草滩环境，会做巡视飞行和悬停飞行以找寻、定位和抓捕鼠类。常停歇于电线杆、电线或者独立的树上。

（左上图 段海生；右上图 段海生；下图 段海生）

凤头蜂鹰

英文名	拉丁名	居留型	保护级别	IUCN
Oriental Honey-buzzard	*Pernis ptilorhynchus*	旅	国家二级	LC

【形态特征】 体型较大（57～61 cm），多种色型。喙灰色；虹膜橘黄色；头小，脑后有簇状冠羽；颈细而长；体形纤细匀称；两翼宽大，飞行时初级飞羽可见明显的6枚翼指；飞行时尾羽为宽大的扇形，有两到数条明显的黑色横斑。跗跖及趾黄色。

【生活习性】 在我国东北一带繁殖，捕食黄蜂等昆虫。

（上图 颜军；下图 傅伟）

黑冠鹃隼

英文名	拉丁名	居留型	保护级别	IUCN
Black Baza	*Aviceda leuphotes*	夏	国家二级	LC

【形态特征】 体型小（28～35 cm），整体黑白色。头部具黑色的长冠羽，常直立；喙灰色；蜡膜灰色；整体体羽黑色；胸具白色宽纹；翼具白斑；腹部具深栗色横纹；两翼短圆，飞行时黑白对比明显，翼灰而端黑。跗跖及趾深灰色。亚成鸟背羽黄褐色，有白斑。

【生活习性】 喜开阔且干燥的阔叶林，振翅似鸦类，滑翔时两翅平直。

（左上图育雏 喻晓安；右上图雌雄 段海生；下图雄 段海生）

蛇雕

英文名	拉丁名	居留型	保护级别	IUCN
Crested Serpent Eagle	*Spilornis cheela*	留	国家二级	LC

【形态特征】　体型中等（65～74 cm），整体深褐色。喙灰褐色；虹膜黄色；从喙基到眼后为黄色；脑后有黑白相间的冠羽；体色深褐，两翼翼上有明显白色斑点；飞行时双翅宽大，初级飞羽有 6 枚翼指；翼下飞羽有两道宽的黑色横纹，翼下覆羽也有明显的数道横纹；尾羽有两道宽大的黑色条纹夹一条白色条纹。跗跖及趾黄色。

【生活习性】　在森林上空翱翔，叫声响亮。常见于海拔 1900 m 以下的林木茂密的山丘。喜捕食蛇类。

（左上图　傅伟；右上图　傅伟；下图　傅伟）

鹰雕

英文名	拉丁名	居留型	保护级别	IUCN
Mountain Hawk Eagle	*Nisaetus nipalensis*	留	国家二级	NT

【形态特征】 体型较大（64～84 cm），雌雄同色。整体深棕褐色；喙偏黑色；虹膜黄色至褐色；本区亚种具明显且长的冠羽；喉部有三条褐色喉纹，喉纹间为白色；喉下到上胸部有黑色纵纹；下胸、腹部及臀部有细密的褐色横纹；两翼张开时可见七枚翼指；飞羽下缘有数道黑色纹理。跗跖及趾黄色。

【生活习性】 夜行性，喜山林地带，尤其是林边开阔地，可分布于海拔 4000 m 的高山。

（左上图 郝江；右上图 郝江；下图 郝江）

金雕

英文名	拉丁名	居留型	保护级别	IUCN
Golden Eagle	*Aquila chrysaetos*	留	国家一级	LC

【形态特征】 大型（78～93 cm）猛禽，雌雄同色。喙灰色，喙尖黑色；虹膜褐色；头顶、枕部到颈部金黄色；全身羽色为深褐色。亚成鸟翼下覆羽有白色带或白色翼窗，尾羽基部有大块白色。跗跖及趾黄色。

【生活习性】 栖息于地势崎岖的平原或岩石裸露的山区。在山岩上筑巢繁殖，捕食哺乳动物或大型鸟类，可捕捉山羊、狐等较大型的猎物。

（左上图 郝江；右上图 郝江；下图 郝江）

白腹隼雕

英文名	拉丁名	居留型	保护级别	IUCN
Bonelli's Eagle	*Aquila fasciata*	留	国家二级	LC

【形态特征】 体型较大（55～67 cm），整体黑褐色。喙灰色；蜡膜黄色；虹膜黄褐色；喉至腹部白色，具黑色纵斑；翼尖深色，两翼及尾具细小横斑；飞行时，头较短粗，两翼宽圆而略短，尾形长。成鸟：尾部色浅并具黑色端带；翼下覆羽黑色，与腹部白色对比明显。幼鸟：翼指黑色；沿大覆羽有深色横纹，其余覆羽色浅；上体褐色；尾羽具细横纹，末端无黑色。跗跖及趾黄色。

【生活习性】 活动于丘陵和山地森林开阔地带，领域性较强，振翅快。

（左上图 郝江；右上图 王晓谦；下图育雏 郝江）

凤头鹰

英文名	拉丁名	居留型	保护级别	IUCN
Crested Goshawk	*Accipiter trivirgatus*	留	国家二级	LC

【形态特征】 体型较大（40～48 cm），整体灰褐色，具短羽冠。雄鸟：头灰色；喙灰色；具黄色蜡膜；具两道黑色髭纹；上体灰褐色，两翼及尾具横斑；颈部至胸部白色，具棕色纵纹；腹部及腿白色，具近黑色粗横斑；尾下覆羽白色且蓬松，似"纸尿裤"。亚成鸟及雌鸟：似成年雄鸟，但下体纵纹及横斑均为褐色；上体褐色较淡。飞行时两翼与同属鹰类相比较为短圆，翼指 6 枚，不突显。跗跖及趾黄色，跗跖较粗壮。

【生活习性】 多活跃于低海拔丘陵地带森林环境，也能适应城市环境，繁殖期常在森林上空翱翔，同时发出响亮叫声。

（左上图 育雏 郝江；右上图 傅伟；下图 段海生）

赤腹鹰

英文名	拉丁名	居留型	保护级别	IUCN
Chinese Goshawk	*Accipiter soloensis*	夏	国家二级	LC

【形态特征】 体型小（25～35 cm），整体灰色。头灰色；喙灰色，尖端黑色；蜡膜橘黄色；虹膜黄色（雌鸟）或褐色（雄鸟）；胸腹及两胁浅橙褐色，具浅色横纹；下腹白色；背及翅淡蓝灰色；外侧尾羽具不明显黑色横斑；飞行时，翼指4枚，除初级飞羽羽端黑色外，翼下几乎全白。跗跖及趾橘黄色。

【生活习性】 喜开阔林地，从栖息处飞出觅食，动作迅速，迁徙时会集大群。

（左上图雌　颜昌军；右上图雌　吴春红；下图雄　吴春红）

日本松雀鹰

英文名	拉丁名	居留型	保护级别	IUCN
Japanese Sparrow Hawk	*Accipiter gularis*	冬、旅	国家二级	LC

【形态特征】 体型小（23～30 cm），整体褐色。喙蓝灰色，尖端黑色，有绿黄色蜡膜；虹膜黄色或红色；头顶到肩背以及翼上羽毛深灰色；翼型较窄，初级飞羽有5枚翼指；翼后缘有圆弧状的凸出；胸腹有黑色斑纹。跗跖及趾黄绿色。

【生活习性】 在茂密的森林栖息，振翅迅速，以小型鸟类、啮齿类等动物为食。

（左上图 傅伟；右上图 傅伟；下图 傅伟）

松雀鹰

英文名	拉丁名	居留型	保护级别	IUCN
Besra	*Accipiter virgatus*	留	国家二级	LC

【形态特征】 体型中等（25 ～ 36 cm），整体灰褐色。喙黑色；虹膜橙黄色到红色；头顶、脸颊、颈、背、两翼、尾羽上缘灰色；颈侧、喉中各有一道黑色纵纹；腹部羽毛有褐色粗的横纹；跗跖细长，中趾长。跗跖及趾黄色。

【生活习性】 属森林鸟类，在林间栖息觅食，以小型鸟类、啮齿类等动物为食。

（左上图雏 吴春红；右上图 郝江；下图 吴春红）

雀鹰

英文名	拉丁名	居留型	保护级别	IUCN
Eurasian Sparrow Hawk	*Accipiter nisus*	冬、旅	国家二级	LC

【形态特征】 体型中等（30～40 cm），雌雄异色。喙灰色，喙尖黑色；虹膜黄色。雄鸟：上体灰褐色；下体白色，多有细密的棕色横纹。雌鸟：体型大于雄鸟，体色褐色，下体白色，多有细密的灰褐色横纹。跗跖及趾黄色。

【生活习性】 属森林鸟类，常在林间穿梭飞行，伏击其他路过的鸟类。

（上图 傅伟；下图 颜军）

苍鹰

英文名	拉丁名	居留型	保护级别	IUCN
Northern Goshawk	*Accipiter gentilis*	冬	国家二级	LC

【形态特征】 体型大（106～131 cm），雌雄同色。喙灰色，喙尖黑色；虹膜红色（成鸟）或黄色（幼鸟）；有标志性的宽大的白色眉纹；具黑色过眼纹；两翅宽圆。成鸟上体深灰色，下体白色，有细密的黑色条纹。幼鸟体色为褐色，下体具褐色不规则纵纹。跗跖及趾黄色。

【生活习性】 栖息于林地，可在林间灵活转向，捕食小型鸟类，也可捕食小型哺乳动物，如鼠类、野兔等。

（左上图 郝江；右上图 郝江；下图 郝江）

白腹鹞

英文名	拉丁名	居留型	保护级别	IUCN
Eastern Marsh Harrier	*Circus spilonotus*	冬	国家二级	LC

【形态特征】 体型中等（48～58 cm），雌雄异色。雄鸟：似鹊鹞雄鸟；头黑色或灰色；喙灰色；虹膜黄色；喉及胸黑色并满布白色纵纹。雌鸟：头顶、颈背、喉及前翼缘皮黄色；头顶及颈背具深褐色纵纹；尾上覆羽褐色或浅色，尾具横斑。亚成鸟似雌鸟但色深，仅头顶及颈背为皮黄色。跗跖及趾黄色。

【生活习性】 常栖息于各类湿地环境，喜低空飞行，以滑翔为主。

（左上图 大陆型雄 王晓谦；右上图 日本型雌 郝江；下图 日本型雌 郝江）

白尾鹞

英文名	拉丁名	居留型	保护级别	IUCN
Hen Harrier	*Circus cyaneus*	冬	国家二级	LC

【形态特征】　体型中等（43～54 cm），雌雄异色。雄鸟：头胸部灰色；具显眼的白色腰部及黑色翼尖；腹部白色；外侧尾羽白色并具暗色横斑。雌鸟：头至后颈、颈侧具棕黄色羽缘；胸腹部具纵纹；腹部皮棕色，具褐色纵纹；翼下覆羽褐色，无横斑，浅色飞羽具横纹。喙灰黑色，跗跖与趾黄色。

【生活习性】　喜平原或山地丘陵的开阔水面、原野及农耕地，多在湿地或草地低空飞行，站立地面注视猎物。

（左上图雌　王晓谦；右上图雄　段海生；下图雌　王晓谦）

鹊鹞

英文名	拉丁名	居留型	保护级别	IUCN
Pied Harrier	*Circus melanoleucos*	冬、旅	国家二级	LC

【形态特征】 体型略小（43～50 cm），雌雄异色。雄鸟：头褐色；喙深灰色；虹膜黄色；喉及胸部黑色，无纵纹；背黑色，可见三叉戟状斑纹；初级飞羽黑色；尾深灰色，无斑。雌鸟：头浅棕色；上体褐色沾灰色并具纵纹；腰白；尾具横斑；下体皮黄色并具棕色纵纹；飞羽下面具近黑色横斑。亚成鸟：上体深褐色；尾上覆羽具苍白色横带；下体栗褐色并具黄褐色纵纹。跗跖及趾黄色。

【生活习性】 喜开阔的低山丘陵、平原、淡水沼泽、农田，单独活动，低空飞行，以滑翔为主。

（左上图雌　王晓谦；右上图雄　吴春红；下图雌　刘德山）

黑鸢

英文名	拉丁名	居留型	保护级别	IUCN
Black Kite	*Milvus migrans*	留	国家二级	LC

【形态特征】 体型中等（54～66 cm），整体深褐色。前额及脸颊棕色；喙灰黑色；蜡膜黄色；飞行时初级飞羽基部浅色斑与近黑色的翼尖形成对比；尾长而略分叉；跗跖及趾黄色。亚成鸟：头及下体具皮黄色纵纹。

【生活习性】 喜开阔的低山丘陵、乡村、城郊田野及湿地周边，可借助气流在空中长时间盘旋，捕食迅速而凶猛，营巢于高大乔木或悬崖峭壁上。

（左上图 吴春红；右上图 吴春红；下图 喻晓安）

白尾海雕

英文名	拉丁名	居留型	保护级别	IUCN
White–tailed Eagle	*Haliaeetus albicilla*	冬、旅	国家一级	LC

【形态特征】 体型大（74～92 cm），雌雄同色。喙及蜡膜黄色；虹膜黄色；头及胸浅褐色；翼下覆羽深栗色，与黑色飞羽对比明显；翼指7枚；尾楔形，全白。未成年个体头胸部色深；体羽具有不规则锈色或白色点斑。跗跖及趾黄色。

【生活习性】 白天活动和觅食，常在湖面或海面上空飞行，停歇于岩石、地面或冰面。

（左上图 郝江；右上图 郝江；下图 郝江）

灰脸鵟鹰

英文名	拉丁名	居留型	保护级别	IUCN
Grey-faced Buzzard	*Butastur indicus*	夏、旅	国家二级	LC

【形态特征】 体型略小（39～48 cm），整体褐色。颏及喉为明显白色，具黑色的顶纹及髭纹；头侧近黑色；上体褐色，具近黑色的纵纹及横斑；胸褐色而具黑色细纹；下体余部具棕色横斑而有别于白眼鵟鹰；尾细长，平型。跗跖及趾黄色。

【生活习性】 栖息于中低海拔的开阔林区，活动于林缘，迁徙时集群，飞行缓慢沉重，喜从树上栖息处捕食。

（左上图 段海生；右上图 赵学迅；下图 赵学迅）

毛脚鵟

英文名	拉丁名	居留型	保护级别	IUCN
Rough-legged Buzzard	*Buteo lagopus*	冬	国家二级	LC

【形态特征】 体型中等（45～62 cm），雌雄相近。喙深灰色；蜡膜黄色；虹膜黄褐色；体色似普通鵟，但飞羽后缘有明显的黑色边缘；尾羽有明显的黑色横斑。雄鸟喉部羽色较深，翼下的翼窗黑色。雌鸟喉部羽色较浅，翼下的翼窗褐色。跗跖及趾黄色。

【生活习性】 栖息于草原、丘陵边开阔地等，常做巡回飞行。

（左上图 郝江；右上图 郝江；下图 郝江）

大鵟

英文名	拉丁名	居留型	保护级别	IUCN
Upland Buzzard	*Buteo hemilasius*	冬	国家二级	LC

【形态特征】 体型较大（57～67 cm），雌雄同色。喙深蓝灰色；蜡膜黄绿色；虹膜黄色或偏白色；体色变化非常丰富，和普通鵟颇为相似，主要特征为两翼上缘有明显白色翼窗，下缘同样有明显浅色翼窗。跗跖被毛，趾黄色。

【生活习性】 主要分布于北方高原地区，南方为偶见记录。以野兔、雪鸡等较大型猎物为食。

（左上图 王晓谦；右上图 傅伟；下图 王晓谦）

普通鵟

英文名	拉丁名	居留型	保护级别	IUCN
Eastern Buzzard	*Buteo japonicus*	冬	国家二级	LC

【形态特征】 体型中等（42～54 cm），整体褐色。喙灰色，喙尖黑色；蜡膜黄色；虹膜黄色至褐色；上体红褐色，下体暗褐色。脸侧皮黄色，具红褐色细纹；有栗色髭纹；胸腹具深棕色斑纹；飞翔时初级飞羽的基部色浅，张开后形成宽大的浅色宽带；翼下初级飞羽形成白色大斑，初级覆羽形成深色月牙斑，羽外缘为黑色；尾羽扇形，近端处具灰褐色横纹。跗跖及趾黄色。

【生活习性】 喜草原、草滩、冬季退水湖滩、收割后的水田等开阔环境，迁徙时会停歇于山林。

（左上图 王晓谦；右上图 段海生；下图 段海生）

戴胜

英文名	拉丁名	居留型	保护级别	IUCN
Eurasian Hoopoe	*Upupa epops*	留	三有	LC

【形态特征】 体型中等（25～31 cm），整体棕色和黑色。喙黑长且下弯；虹膜褐色；头上具有耸立的粉棕色丝状冠羽，末端黑色；头、上背、肩及下体棕色；两翼及尾具黑白相间的条纹。跗跖及趾黑色。

【生活习性】 单独或集小群活动于开阔低草地、农田，地面觅食，从土中挖掘蠕虫，受到惊吓或兴奋时冠羽会打开。

（左上图 段海生；右上图育雏 郝江；下图 刘德山）

蓝喉蜂虎

英文名	拉丁名	居留型	保护级别	IUCN
Blue-throated Bee Eater	*Merops viridis*	夏	国家二级	LC

【形态特征】 体型中等（21～32 cm），整体蓝色和棕色。喙黑色；头顶及上背巧克力褐色；虹膜红色或褐色；过眼线黑色；喉部蓝色；翼蓝绿色；腰及长尾浅蓝色；下体浅绿色。亚成鸟尾羽无延长，头及上背绿色。跗跖及趾灰褐色。

【生活习性】 集小群活动于开阔地，在栖木上等待过往昆虫，偶从水面或地面觅食昆虫。

（左上图 喻晓安；右上图 郝江；下图 段海生）

三宝鸟

英文名	拉丁名	居留型	保护级别	IUCN
Oriental Dollarbird	*Eurystomus orientalis*	夏、旅	三有	LC

【形态特征】 体型中等（26～32 cm），整体蓝色。喙短宽，呈红色，喙尖黑色；虹膜褐色；头深色，上体和胸部为暗蓝灰色，胸喉有亮丽的蓝色斑点；飞行时初级飞羽形成亮蓝色大型斑块；翼上覆羽为灰蓝色。跗跖及趾橘红色或红色。

【生活习性】 栖息于山区或丘陵地带的山林、林缘地带，常在高处的树枝、电线等处停留。

（左上图 王晓谦；右上图 刘德山；下图 喻晓安）

普通翠鸟

英文名	拉丁名	居留型	保护级别	IUCN
Common Kingfisher	*Alcedo atthis*	留	三有	LC

【形态特征】 体型小（15～17 cm），整体亮蓝色及棕色。喙长，黑色，雌鸟下喙红色；虹膜褐色；头部具浅蓝绿色金属光泽；颈侧具白色斑；喉部白色；背及翅蓝绿色；胸腹部橙棕色。幼鸟色暗淡，具深色胸带。跗跖及趾红色。

【生活习性】 常出没于开阔的淡水湖泊、溪流及鱼塘。栖息于岩石或探出的枝头上，快速俯冲入水捕食。

（左上图 刘德山；右上图 郝江；下图 郝江）

冠鱼狗

英文名	拉丁名	居留型	保护级别	IUCN
Crested Kingfisher	*Megaceryle lugubris*	留	三有	LC

【形态特征】 体型大（37 ～ 42 cm），整体黑白色。头部冠羽发达；喙黑色，尖端色浅；虹膜褐色；颊部具有大块白斑延伸至颈部；有黑色髭纹；具黑色的胸部斑纹；上体青黑色并具白色横斑和点斑；下体白色；两胁具皮黄色横斑。雄鸟翼下白色，雌鸟黄棕色。跗跖及趾黑色。

【生活习性】 喜流速快多砾石的河流，以鱼虾为食，常站立于水边矮枝或岩石上，快速俯冲入水捕食。

（左上图雌 王晓谦；右上图雌雄 段海生；下图雌 刘德山）

斑鱼狗

英文名	拉丁名	居留型	保护级别	IUCN
Pied Kingfisher	*Ceryle rudis*	留	三有	LC

【形态特征】 体型中等（27～31 cm），整体黑白色。头部冠羽较小；喙大，黑色；虹膜褐色；具显眼白色眉纹；喉白色；雌鸟上胸具黑色的非闭合宽条带，雄鸟具粗细两条黑色胸带；上体黑而多具白点；下体白色。跗跖及趾黑色。

【生活习性】 成对或集小群在平原和低地溪流、湖泊活动，常近水面来回飞行觅食，营巢于岸边土洞。

（左上图 喻晓安；右上图 吴春红；下图 吴春红）

白胸翡翠

英文名	拉丁名	居留型	保护级别	IUCN
White-throated Kingfisher	*Halcyon smyrnensis*	留	国家二级	LC

【形态特征】 体型略大（26～29 cm），整体蓝色及褐色。头颈部棕褐色；喙粗壮，红色；虹膜深褐色；喉及胸部白色；腹部褐色；上背、翼及尾蓝色鲜亮如闪光；翼上覆羽上部及翼端黑色。跗跖及趾红色。

【生活习性】 常单独活动于各种水域，喜停歇在电线、树枝或石头上，发现猎物立刻出击，直线飞行，速度较快。

（左上图 吴春红；右上图 郝江；下图 郝江）

蓝翡翠

英文名	拉丁名	居留型	保护级别	IUCN
Black-capped Kingfisher	*Halcyon pileata*	夏	三有	VU

【形态特征】 体型略大（26～31 cm），整体蓝色和白色。头黑；喙较大，红色；虹膜深褐色；颈部和胸部白色；两胁及臀棕黄色；翼上覆羽黑色；上体其余为亮丽华贵的蓝紫色；飞行时白色翼斑显见。跗跖及趾红色。

【生活习性】 常站立于水边的电线或树枝上，伺机捕食水中小型动物，营巢于岸边土洞。

（左上图 王晓谦；右上图 颜昌军；下图 吴春红）

大拟啄木鸟

英文名	拉丁名	居留型	保护级别	IUCN
Great Barbet	*Psilopogon virens*	留	三有	LC

【形态特征】 体型大（30～35 cm），雌雄同色。喙黄色，先端黑色；虹膜褐色；头深黑蓝色；肩背褐色；其余上体羽毛多绿色；腹部黄色；胸腹部有深绿色纵纹；尾下覆羽亮红色，尾羽绿色。跗跖及趾灰色。

【生活习性】 分布于南方常绿林，可至海拔 2000 m 以上的地区。

（左上图 王晓谦；右上图 涂文波；下图 杜淑兰）

蚁䴕

英文名	拉丁名	居留型	保护级别	IUCN
Wryneck	*Jynx torquilla*	冬、旅	三有	LC

【形态特征】 体型小（16～19 cm），整体灰褐色。喙肉色，呈粗短的圆锥状；虹膜褐色；有明显褐色过眼纹；脑后的黑色纹理形似菱形；喉部有明显的斑纹；上体以灰褐色为主，布满斑驳的斑纹；下体灰白色，布满细密的黑色横纹，尾羽粗长，有横斑。跗跖及趾褐色。

【生活习性】 喜低山、丘陵的疏林地带，也可见于林缘、灌丛、河谷等地。

（左上图 刘德山；右上图 刘德山；下图 刘德山）

斑姬啄木鸟

英文名	拉丁名	居留型	保护级别	IUCN
Speckled Piculet	*Picumnus innominatus*	留	三有	LC

【形态特征】 体型小（9～10 cm），整体橄榄色，体形似山雀。雄鸟：头顶及前额棕红色；具白色眉纹；虹膜红色；喙纤细，黑色；脸上具白色条纹；背部橄榄绿；胸腹部具黑色斑点；尾部具黑白色条纹。雌鸟：头顶灰黑色。跗跖及趾灰色。

【生活习性】 喜单独活动于山脚及丘陵地带的常绿阔叶林，尤其是开阔地带的稀疏林地、竹林，觅食时发出连续的叩击声，树洞营巢。

（左上图 刘德山；右上图 吴春红；下图 吴春红）

黄嘴栗啄木鸟

英文名	拉丁名	居留型	保护级别	IUCN
Bay Woodpecker	*Blythipicus pyrrhotis*	留	三有	LC

【形态特征】 体型中等（25 ～ 31 cm），整体棕褐色。喙黄色，为粗壮的尖锥状；虹膜红褐色，雄鸟后枕部有一大型红色斑块，雌鸟则没有；体羽赤褐色，有虎纹状黑色条纹。跗跖及趾褐黑色。

【生活习性】 栖息于海拔 2000 m 以下的山林地带，尤喜阔叶林，会做垂直迁徙。

（左上图 喻晓安；右上图 喻晓安；下图 喻晓安）

灰头绿啄木鸟

英文名	拉丁名	居留型	保护级别	IUCN
Grey-faced Woodpecker	*Picus canus*	留	三有	LC

【形态特征】 体型中等（26～31 cm），整体绿色。雄鸟：前顶冠红色；头顶后部及枕部黑色；虹膜红褐色；喙灰黑色；脸颊及喉灰色；胸腹部橄榄绿；下体灰色；背部橄榄绿；尾黑色，具白色横斑。雌鸟：头顶黑色；额灰色。跗跖及趾蓝灰色。

【生活习性】 栖息于中低山林和林缘，常在树干中下部活动，有时也下地活动。

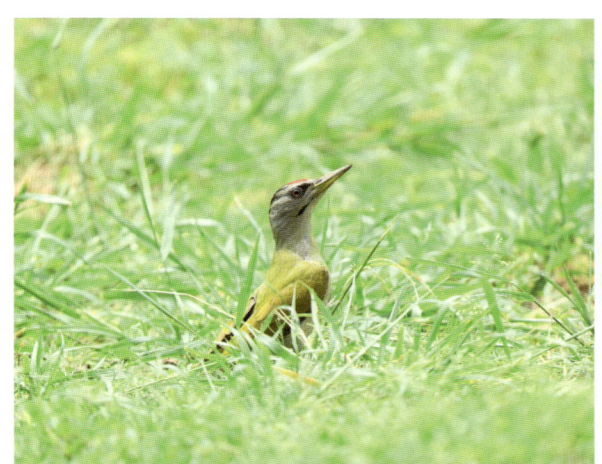

（左上图 刘德山；右上图 刘德山；下图 刘德山）

星头啄木鸟

英文名	拉丁名	居留型	保护级别	IUCN
Grey-capped Woodpecker	*Picoides canicapillus*	留	三有	LC

【形态特征】 体型小（14 ～ 17 cm），整体黑白色。雄鸟：头顶黑色；喙灰色；虹膜淡褐色；眼后头顶红色斑块较小；白色宽眉纹延至后颈；具宽的黑色颊纹；胸腹部棕黄色，具黑色条纹；背部及翼上具白色斑块。雌鸟头部没有红色斑块，色淡。跗跖及趾灰绿色。

【生活习性】 单独或成对活动于各种林地，飞行迅速，喜在树枝上攀爬觅食。

（左上图 段海生；右上图 刘德山；下图 刘德山）

赤胸啄木鸟

英文名	拉丁名	居留型	保护级别	IUCN
Scarlet–breasted Woodpecker	*Dryobates cathpharius*	留	三有	LC

【形态特征】 体型小（16～18 cm），雌雄近色。喙暗灰色；虹膜褐色；额、眼先、脸颊白色，头顶黑色；雄鸟枕部有红色大斑点，雌鸟则为黑色；颈侧红色；有黑色颊纹；背部两翼到尾羽黑色；翼上有大型白色斑块，部分亚种飞羽有白色细纹。雄鸟胸部有红色斑块；喉到胸腹皮黄色，有黑色纵纹；尾下覆羽红色。跗跖及趾近绿色。

【生活习性】 栖息于海拔 1500~2750 m 的阔叶栎树林及杜鹃林。常栖息于死树上，以花蜜及昆虫为食。

（左上图雄 郝江；右上图雌 王晓谦；下图雌 王晓谦）

棕腹啄木鸟

英文名	拉丁名	居留型	保护级别	IUCN
Rufous-bellied Woodpecker	*Dendrocopos hyperythrus*	旅	三有	LC

【形态特征】 体型中等（19 ～ 23 cm），整体棕红色。雄鸟头顶至后颈部红色，雌鸟头顶黑色且具白色斑点；喙楔状，深灰色；虹膜褐色；具有白色脸颊；头侧及胸腹部棕红色；臀部红色；背、两翼及尾黑色，且具成排的白色斑点。跗跖及趾灰色。

【生活习性】 多在山地针叶林或针阔叶混交林树冠层活动和觅食。

（左上图雄 段海生；右上图雌 刘德山；下图雌 刘德山）

大斑啄木鸟

英文名	拉丁名	居留型	保护级别	IUCN
Great Spotted Woodpecker	*Dendrocopos major*	留	三有	LC

【形态特征】 体型中等（20～25 cm），整体黑白相间。雄鸟：喙灰色；头顶黑色，虹膜褐色；枕部具狭窄红色带；黑色髭纹、颈纹和胸纹形成近"X"形；胸腹部污白色；翼上有长条白色斑块；臀部红色。雌鸟：枕部无红色带。跗跖及趾灰黑色。

【生活习性】 单独或成对活动于各种林地，取食树皮下昆虫及幼虫，飞行速度较慢且上下起伏。

（左上图雄 王晓谦；右上图育雏 刘德山；下图雌 刘德山）

白背啄木鸟

英文名	拉丁名	居留型	保护级别	IUCN
White-backed Woodpecker	*Dendrocopos leucotos*	留	三有	LC

【形态特征】 体型中等（25～30 cm），雌雄相似。喙黑色；虹膜褐色；体色似大斑啄木鸟，两侧耳羽黑色并向下延伸至与胸部相连；背部羽毛黑色，两翼布满大型白色斑点；胸腹部有黑色纵纹；臀下覆羽红色；中央尾羽粗，为黑色，两侧尾羽白色，有黑色斑点。雄鸟头顶红色，雌鸟头顶黑色；雌鸟胸腹部黑色纵纹较雄鸟少且色浅。跗跖及趾灰色。

【生活习性】 栖息于树林，尤喜老朽的树木（因便于取食），性不胆怯。

（左上图雄 郝江；右上图雄 郝江；下图雄 郝江）

红隼

英文名	拉丁名	居留型	保护级别	IUCN
Common Kestrel	*Falco tinnunculus*	留	国家二级	LC

【形态特征】 体型小（31～38 cm），整体红褐色。雄鸟：头顶及颈部灰色；蜡膜黄色；喙灰色而末端黑色；背及翼上覆羽红褐色；胸腹皮黄色而具少量纵斑；尾蓝灰色，末端黑色；飞行时翼下色浅，几乎无斑纹；尾呈楔形。雌鸟：体型略大；头颈及背全褐色而多粗横斑；胸腹部皮黄色而多纵纹。亚成鸟：似雌鸟，但纵纹较重。跗跖及趾黄色。

【生活习性】 常单独活动于多种人居环境，能适应城市生活，可以利用其他鸟类树上旧巢繁殖。可在空中悬停观察地面情况，发现猎物会快速俯冲捕食。

（左上图 刘德山；右上图 段海生；下图 刘德山）

红脚隼

英文名	拉丁名	居留型	保护级别	IUCN
Eastern Red-footed Falcon	*Falco amurensis*	旅	国家二级	LC

【形态特征】 体型小（25～30 cm），整体灰色。雄鸟：头灰色；虹膜红色；喙灰色；蜡膜橘红色；背部及翅整体深灰色；胸腹部灰色；尾下覆羽红色；飞行时翼下覆羽浅灰色，与黑色飞羽形成明显对比。雌鸟：头顶灰色并具黑色纵纹；眼下具偏黑色线条；额白色；蜡膜橘黄色，喙浅灰色；喉白色；胸具醒目的黑色纵纹；腹部具黑色横斑；背及尾灰色；尾下覆羽橘红色；尾具黑色横斑；飞行时翼下白色并具黑色点斑及横斑。亚成鸟：似雌鸟，但下体斑纹为棕褐色。跗跖与趾红色。

【生活习性】 喜集群活动于平原、低山疏林、耕地等地带，黄昏后捕捉昆虫，喜立于树上或电线上。

（左上图雌 魏斌；上中图雌 魏斌；右上图雌 魏斌；下图雄 魏斌）

游隼

英文名	拉丁名	居留型	保护级别	IUCN
Peregrine Falcon	*Falco peregrinus*	留、冬	国家二级	LC

【形态特征】 体型较大（41～50 cm），整体色深。成鸟：头顶后延到枕部黑色；虹膜黑色；喙近黑色；蜡膜黄色；脸颊褐色，具有一道明显的黑色髭纹；喉及上胸部白色；胸腹白色，具清晰黑色横纹；腿及尾下具黑色横斑；背部及翅深色近黑。雌鸟体型比雄鸟大。亚成鸟：整体褐色浓重；腹部具纵纹。跗跖及趾黄色。

【生活习性】 常见于草原、退水草滩湿地等开阔地，也可见于河流、湖泊、沿海等湿地环境。游隼是俯冲飞行速度最快的鸟类，通过俯冲，捕食鸭类、雉类等其他鸟类。

（左上图 赵学迅；右上图亚成鸟 傅伟；下图 郝江）

仙八色鸫

英文名	拉丁名	居留型	保护级别	IUCN
Fairy Pitta	*Pitta nympha*	夏、旅	国家二级	VU

【形态特征】 体型略小（16～20 cm），色彩艳丽。喙黑色；头顶暗栗色；虹膜褐色；具白色细长眉纹；具较宽的黑色过眼纹；喉及颈侧白色；胸及两胁污白色；下腹至臀部红色；背及两翼青蓝色；肩角天蓝色。跗跖及趾肉粉色。

【生活习性】 见于低山阔叶林及灌丛，喜隐蔽，在地面高草、砾石堆筑巢繁殖。

（左上图 郝江；右上图 王晓谦；下图 郝江）

黑枕黄鹂

英文名	拉丁名	居留型	保护级别	IUCN
Black-naped Oriole	*Oriolus chinensis*	夏	三有	LC

【形态特征】 体型略大（23～28 cm），整体黄色。喙粉红色，较细；头顶黄色；虹膜红色；黑色过眼纹较粗；飞羽多为黑色；雄鸟体羽余部艳黄色，雌鸟背部橄榄色；亚成鸟背部橄榄色，下体近白色而具黑色纵纹。跗跖及趾近黑色。

【生活习性】 成对或以家族为群活动，栖息于开阔林地及村庄周围，常留在树冠层活动，飞行呈波状，振翼幅度大，缓慢而有力。

（左上图 郝江；右上图幼 吴春红；下图 吴春红）

灰喉山椒鸟

英文名	拉丁名	居留型	保护级别	IUCN
Grey–chinned Minivet	*Pericrocotus solaris*	留	三有	LC

【形态特征】 体型略小（18～19 cm），雌雄异色。雄鸟：整体红色；喙黑色；虹膜深褐色；头顶至颈部及喉部灰色；胸腹部橙红色；翅黑色，具有闪电状橙红色翼斑；腰红色；尾羽中央黑色，两侧红色。雌鸟：整体黄色；黄色区域与雄鸟红色区域相同。跗跖及趾黑色。

【生活习性】 在海拔500～3300 m的山林地带活动，喜在林缘地带觅食。冬季则迁徙到低海拔山林、河谷等地。会近人居处觅食。

（左上图雌 刘德山；右上图雌 王晓谦；下图雌 刘德山）

长尾山椒鸟

英文名	拉丁名	居留型	保护级别	IUCN
Long-tailed Minivet	*Pericrocotus ethologus*	留	三有	LC

【形态特征】 体型略小（17～20 cm），雌雄异色。雌鸟：整体红色；喙黑色；虹膜褐色；头颈部及喉为黑色；翅黑色，具有红色翼斑且呈倒"U"形；胸腹部红色；中央尾羽黑色，两侧红色。雌鸟：整体黄色；额部浅黄色，且范围小；喉胸腹黄色；具黄色块状翼斑。跗跖及趾黑色。

【生活习性】 常于中海拔山区的山林地带活动。

（左上图雌 段海生；右上图雄 刘德山；下图雄 段海生）

灰山椒鸟

英文名	拉丁名	居留型	保护级别	IUCN
Ashy Minivet	*Pericrocotus divaricatus*	旅	三有	LC

【形态特征】 体型略小（18～21 cm），整体灰白色。雄鸟：喙黑色；前额白色延至眼上方；眼先黑色；虹膜褐色；颈背部黑色；腰灰色；胸腹部浅灰色；腹部偏白色；中央尾羽黑色，其余尾羽基部黑色，先端白色。雌鸟：色淡，整体偏灰色。跗跖及趾黑色。

【生活习性】 栖息于低山林地，迁徙时各生境可见。

（左上图雌 刘德山；右上图雌 刘德山；下图雄 段海生）

小灰山椒鸟

英文名	拉丁名	居留型	保护级别	IUCN
Swinhoe's Minivet	*Pericrocotus cantonensis*	夏	三有	LC

【形态特征】 体型略小（18～19 cm），整体灰白色。喙黑色；虹膜褐色；前额明显白色，并延伸到眼后；颈背灰色较浓；腰及尾上覆羽浅皮黄色；下体沾褐色显脏。跗跖及趾黑色。

【生活习性】 单独或成对栖息于低海拔林地，取食于树冠层。

（左上图　段海生；右上图　刘德山；下图　刘德山）

暗灰鹃鵙

英文名	拉丁名	居留型	保护级别	IUCN
Black-winged Cuckooshrike	*Lalage melaschistos*	夏	三有	LC

【形态特征】 体型中等（20～24 cm），整体灰黑色。雄鸟：整体青灰色；喙黑色；虹膜红褐色；两翼亮黑色；尾下覆羽白色；尾羽黑色，三枚外侧尾羽的羽尖白色。雌鸟：似雄鸟，但色浅；下体及耳羽具白色横斑；白色眼圈不完整；腹部具细密横纹。跗跖及趾铅蓝色。

【生活习性】 单独或成对栖息于开阔的林地及竹林，取食于树冠层。

（左上图雌 段海生；右上图雄 刘德山；下图雌 段海生）

黑卷尾

英文名	拉丁名	居留型	保护级别	IUCN
Black Drongo	*Dicrurus macrocercus*	夏	三有	LC

【形态特征】　体型略大（24～30 cm），整体蓝黑色。喙黑且小；虹膜红色；通体黑色，具辉光；尾长而深开叉。亚成鸟下体下部具近白色横纹。跗跖及趾黑色。

【生活习性】　栖息于开阔地区，常立在小树或电线上，飞行捕食，性情凶猛。

（左上图　段海生；右上图　刘德山；下图　刘德山）

灰卷尾

英文名	拉丁名	居留型	保护级别	IUCN
Ashy Drongo	*Dicrurus leucophaeus*	夏、旅	三有	LC

【形态特征】 体型略大（26～28 cm），整体灰色。喙灰黑色；虹膜红色；眼周白色，其余通体灰色；尾长而深开叉。各亚种色度不同。跗跖及趾灰黑色。

【生活习性】 常成对活动，立于林间空地的裸露树枝上，起飞捕食空中昆虫。

（左上图　喻晓安；右上图　段海生；下图　段海生）

发冠卷尾

英文名	拉丁名	居留型	保护级别	IUCN
Hair-crested Drongo	*Dicrurus hottentottus*	夏	三有	LC

【形态特征】　体型略大（29～34 cm），整体黑色。喙黑色；虹膜红褐色；头部具细长羽冠；全身呈黑天鹅绒色。体羽发出亮绿蓝色反光斑点；尾长而分叉，外侧羽端钝而上翘，形似竖琴。跗跖及趾黑色。

【生活习性】　居于中低海拔山区林地和丘陵林地。性情凶猛，繁殖期会攻击猛禽。

（左上图　段海生；右上图　段海生；下图　段海生）

寿带

英文名	拉丁名	居留型	保护级别	IUCN
Chinese Paradise-flycatcher	*Terpsiphone incei*	夏	三有	LC

【形态特征】 体型中等（20～42 cm），两种色型。白色型：头辉黑色，具有小冠羽；头部以下全白；尾羽全白；雄性一对中央尾羽延长。红色型：头辉黑色；眼圈蓝色；背及两翼红褐色；胸腹部白色；尾羽红褐色，雄性一对中央尾羽延长。跗跖及趾黑色。

【生活习性】 喜近水林地，单独或成对活动，在林冠层和中层活动，飞行捕食。

（左上图 红色型雄 郝江；右上图 白色型雄 郝江；下图 红色型雄 段海生）

虎纹伯劳

英文名	拉丁名	居留型	保护级别	IUCN
Tiger Shrike	*Lanius tigrinus*	夏	三有	LC

【形态特征】 体型小（17～18.5 cm），雌雄近似。喙蓝灰色，喙尖黑；虹膜褐色。雄鸟：头顶及颈灰色；有宽大的黑色眼罩；喉、颊、胸腹白色；背、两翼及尾羽为栗红色，有较多黑色横斑。雌鸟：眼罩较短；有白色眼先及白色眉纹；两胁及腹部有褐色横斑。跗跖及趾灰色。

【生活习性】 在海拔低于 1000 m 的林地栖息。成对活动，在林缘地带或灌丛觅食，善潜伏。

（左上图 王晓谦；右上图 刘德山；下图 段海生）

牛头伯劳

英文名	拉丁名	居留型	保护级别	IUCN
Bull-headed Shrike	*Lanius bucephalus*	冬、旅	三有	LC

【形态特征】　体型小（19～20 cm），雌雄相似。喙灰色；虹膜深褐色；飞行时两翼各具一道白色翼斑。雄鸟：头顶及颈棕色；有白色细眉纹和宽的黑色眼罩；脸颊色浅；背部灰色，下体具黑色横斑；两胁棕色。雌鸟：褐色较多；具棕色耳羽而非黑色贯眼纹。跗跖及趾浅灰色。

【生活习性】　繁殖于山间阔叶林，分布区域一般在海拔 1800 m 以下，越冬时则在低海拔山林林缘等地活动。

（左上图雄 喻晓安；右上图雄 喻晓安；下图雄 喻晓安）

红尾伯劳

英文名	拉丁名	居留型	保护级别	IUCN
Brown Shrike	*Lanius cristatus*	夏、旅	三有	LC

【形态特征】 体型中等（17～20 cm），整体淡褐色。喙灰黑色；头顶灰褐色；虹膜褐色；白色眉纹延伸至额部；具宽宽的黑色眼罩；背部棕褐色；胸腹部皮黄色；头颈部颜色及眉纹延伸程度因亚种不同而不同。亚成鸟：似成鸟，但背部及体侧具深褐色、细小的鳞状斑纹。跗跖及趾灰黑色。

【生活习性】 常单独活动，领域性较强，常在栖息地四处观察觅食，尾羽会有画圈的动作。

（左上图幼 刘德山；右上图 吴春红；下图 刘德山）

棕背伯劳

英文名	拉丁名	居留型	保护级别	IUCN
Long-tailed Shrike	*Lanius schach*	留	三有	LC

【形态特征】 体型略大（20～25 cm），整体棕黑色及白色。喙黑色，上喙末端钩状；头顶灰色；虹膜褐色；宽大的过眼纹延长到上额；背及两胁浅棕色；两翼及尾黑色，翼上有一白色斑；颏、喉、胸及腹中心部位白色；头及背部黑色的扩展随亚种不同而有不同。亚成鸟：色较暗，两胁及背具横斑，头及颈背灰色较重。跗跖及趾黑色。

【生活习性】 单独活动于林缘开阔地，领域性较强，常停留在开阔的高枝及电线处寻找机会捕食。

（左上图黑色型 段海生；右上图 刘德山；下图 刘德山）

楔尾伯劳

英文名	拉丁名	居留型	保护级别	IUCN
Chinese Grey Shrike	*Lanius sphenocercus*	冬	三有	LC

【形态特征】 体型大（25～31 cm），以白、灰、黑三色为主。喙灰色；虹膜黑色；有宽的黑色眼罩；有白色的宽眉纹；头顶到肩背灰色；两翼羽毛黑色；初级飞羽和次级飞羽上有大型白色斑块；两翼张开时形成白色翼斑；尾羽黑色，有白色边缘。跗跖及趾黑色。

【生活习性】 在退水草滩等开阔地活动，或者在疏林或灌丛中活动，有悬挂猎物的行为。

（左上图 刘德山；右上图 王晓谦；下图 傅伟）

松鸦

英文名	拉丁名	居留型	保护级别	IUCN
Eurasian Jay	*Garrulus glandarius*	留	三有	LC

【形态特征】 体型中等（30～36 cm），整体棕色。喙黑色；头部红棕色；虹膜浅褐色；髭纹黑色；背部、胸腹部浅棕色；肩部具黑色及蓝色镶嵌斑块；两翼黑色，具白色块斑；腰白色；尾羽黑色。跗跖及趾肉棕色。

【生活习性】 性喧闹，喜落叶林地及森林，以果实、鸟卵、尸体等为食，有储藏食物的习性。

（左上图雏 郝江；右上图 吴春红；下图 吴春红）

灰喜鹊

英文名	拉丁名	居留型	保护级别	IUCN
Azure-winged Magpie	*Cyanopica cyanus*	留	三有	LC

【形态特征】 体型中等（31～40 cm），整体灰蓝色。喙黑色；虹膜褐色；顶冠、耳羽及后枕黑色；两翼天蓝色；尾长并呈蓝色。跗跖及趾黑色。

【生活习性】 结群栖息于开阔林地、城市公园及乡镇，性吵嚷，飞行时振翼快，作长距离的无声滑翔，杂食性。

（左上图 吴春红；右上图 吴春红；下图 吴春红）

红嘴蓝鹊

英文名	拉丁名	居留型	保护级别	IUCN
Red–billed Blue Magpie	*Urocissa erythroryncha*	留	三有	LC

【形态特征】 体长（42～60 cm），整体黑蓝色。喙红色；虹膜橘红色；头顶至枕部灰白色，头部及胸部黑色；腹部及臀白色；背、两翼及尾灰蓝色；尾楔形，中央尾羽蓝灰色并具白色端斑，其余尾羽蓝灰色并具白色端斑和黑色次端斑。跗跖及趾红色。

【生活习性】 集小群活动于低山林地，常在树上觅食，有时也会在地面觅食，声音嘈杂，性情凶猛。

（左上图 段海生；右上图 段海生；下图 段海生）

喜鹊

英文名	拉丁名	居留型	保护级别	IUCN
Eurasian Magpie	*Pica serica*	留	三有	LC

【形态特征】 体型大（40～50 cm），整体黑白色。喙黑色；虹膜褐色；头顶至后背、喉及胸黑色；肩白色；腹部白色；腰灰白色；两翼及尾黑色并具蓝色辉光。跗跖及趾黑色。

【生活习性】 单独或集群活动于各种生境，杂食性，性胆大，会主动骚扰猛禽。

（左上图 吴春红；右上图 吴春红；下图 刘德山）

星鸦

英文名	拉丁名	居留型	保护级别	IUCN
Spotted Nutcracker	*Nucifraga caryocatactes*	留	三有	LC

【形态特征】 体型较小（29～34 cm）。喙黑色，粗而短；虹膜深褐色；眼先有浅色斑点；头顶到后枕黑色；体羽深褐色而密布白色点斑；臀及尾角白色，尾羽短。跗跖及趾黑色。

【生活习性】 单独或成对活动于松林，以松子为食，偶尔集小群，有埋藏坚果以备冬食的习性。

（左上图 刘德山；右上图 刘德山；下图 吴春红）

达乌里寒鸦

英文名	拉丁名	居留型	保护级别	IUCN
Daurian Jackdaw	*Corvus dauuricus*	冬	三有	LC

【**形态特征**】　体型较小（29～37 cm），整体黑白色。喙黑色，细小；虹膜深褐色；自后脑、颈部到胸部有一片白色区域，其余体色为黑色。成鸟的白色部分在幼鸟期为深灰色。跗跖及趾黑色。

【**生活习性**】　喜群居。常在稀疏林地或者开阔草地、农田等地活动。在树冠或者岩石缝隙筑巢繁殖。

（左上图幼　段海生；右上图成、幼　喻晓安；下图　段海生）

秃鼻乌鸦

英文名	拉丁名	居留型	保护级别	IUCN
Rook	*Corvus frugilegus*	冬	三有	LC

【形态特征】 体型大（46～47 cm），整体黑色。喙为黑色尖锥形，喙基部分具灰白色裸皮；头顶为圆拱形；虹膜深褐色；其余部分黑色；飞行时尾羽呈楔形。跗跖及趾黑色。

【生活习性】 活动于有高大树木的农田、湿地边的草滩等开阔地。越冬时有集群行为，并和其他鸦类集群活动。

（左上图 段海生；右上图 段海生；下图 段海生）

白颈鸦

英文名	拉丁名	居留型	保护级别	IUCN
Collared Crow	*Corvus pectoralis*	留	三有	VU

【形态特征】 体型大（47～55 cm），整体黑白色。喙黑色，粗厚；虹膜深褐色；颈背到胸部有一白色带，其余体色黑。较之达乌里寒鸦，白颈鸦体型大，喙粗厚。跗跖及趾黑色。

【生活习性】 喜近水环境，在湖泊、河流、溪沟边均可见。

（左上图 刘德山；右上图 刘德山；下图 段海生）

大嘴乌鸦

英文名	拉丁名	居留型	保护级别	IUCN
Large-billed Crow	*Corvus macrorhynchos*	留		LC

【形态特征】 体型大（45～57 cm），整体黑色。头顶呈圆形；喙黑色，甚粗厚；额头陡峭，与喙锋形成较大的角度；虹膜褐色；其余体色黑。跗跖及趾黑色。

【生活习性】 山林、城镇、湿地、农田均可适应，最高在海拔 5000 m 处可见。冬季常和其他鸦类集大群活动。

（左上图 王晓谦；右上图 魏斌；下图 魏斌）

方尾鹟

英文名	拉丁名	居留型	保护级别	IUCN
Grey-headed Canary-flycatcher	*Culicicapa ceylonensis*	旅、夏	三有	LC

【形态特征】 体型小（12 ～ 13 cm），整体灰绿色。上喙黑色，下喙皮黄色；虹膜褐色；具白色眼眶；头灰色；背部橄榄绿色；腹部黄绿色。跗跖及趾黄褐色。

【生活习性】 海拔 100 ～ 2000 m 的山林地带可见，在西藏可见于海拔 3100 m 处。冬季垂直迁徙到低海拔地区。

（左上图　段海生；右上图　王晓谦；下图　傅伟）

黄腹山雀

英文名	拉丁名	居留型	保护级别	IUCN
Yellow-bellied Tit	*Pardaliparus venustulus*	留、冬	三有	LC

【形态特征】 体型小（9～11 cm），整体黄绿黑色。雄鸟：头黑色；枕后中央及脸颊具白斑；喉黑色（繁殖羽）或黄色（非繁殖羽）；背及两翼灰黑色；具两道翼斑；下体亮黄色。雌鸟：头部灰色较重；具短小的眉纹、灰色的下颊纹；喉白色；腹部黄绿色。幼鸟似雌鸟但色暗，上体多呈橄榄绿色。跗跖及趾灰色。

【生活习性】 冬季集大群活动，在林间跳跃觅食，与其他山雀混群。

（左上图繁殖羽雄 吴春红；右上图雌 吴春红；下图非繁殖羽雄 吴春红）

大山雀

英文名	拉丁名	居留型	保护级别	IUCN
Japanese Tit	*Parus minor*	留	三有	LC

【形态特征】 体型略大（12～14 cm），整体黑白色。喙灰黑色；头黑色；脸颊具大白斑；喉黑色；颈背具块斑；背及两翼灰绿色，翼上具一道醒目的白色条纹；一道黑色带沿胸中央而下至腹部，幼鸟的较细短。跗跖及趾灰色。

【生活习性】 单独或集小群活跃于各种林地，林间觅食，偶尔也下地或于空中捕食。

（左上图幼 吴春红；右上图 吴春红；下图 刘德山）

绿背山雀

英文名	拉丁名	居留型	保护级别	IUCN
Green-backed Tit	*Parus monticolus*	留	三有	LC

【形态特征】 体型略大（12～15 cm），整体橄榄绿色。喙黑色；虹膜褐色；头、颈、喉黑色，并形成一道粗的黑色带一直延伸到下腹；脑后有一白色点；肩背黄绿色；两胁及侧胸腹黄色；臀羽及尾下覆羽白色；大覆羽黑色，飞羽黑色；尾羽黑色，有浅色羽缘。跗跖及趾青灰色。

【生活习性】 活动于海拔 1100～4000 m 的山区森林及林缘，冬季集群。

（左上图 喻晓安；右上图 吴春红；下图 吴春红）

中华攀雀

英文名	拉丁名	居留型	保护级别	IUCN
Chinese Penduline Tit	*Remiz consobrinus*	冬	三有	LC

【形态特征】 体型小（12～13 cm），雌雄体色相近。上喙黑色，下喙肉色；虹膜褐色；额、顶、后脑、脸颊、喉及上胸为灰色；具白色眼圈；肩、腰、背、尾上覆羽为绿色或橄榄绿色；下胸部到尾下覆羽为黄色；飞羽有黄色边缘。跗跖及趾黄褐色。

【生活习性】 喜近水环境，筑巢于芦苇、香蒲等高草丛。

（左上图 喻晓安；右上图 王晓谦；下图 段海生）

小云雀

英文名	拉丁名	居留型	保护级别	IUCN
Oriental Skylark	*Alauda gulgula*	留	三有	LC

【形态特征】 体型较小（14～16 cm），与云雀近似。喙肉色；虹膜褐色；头顶有羽冠，并有黑色细斑；具浅色眉纹；身体为褐色并有黑色、棕色、白色斑驳的纹理；两翼收拢时初级飞羽凸出不明显；次级飞羽及尾羽边缘有沙黄色边缘；尾羽较短。跗跖及趾肉色。

【生活习性】 活动于开阔的草滩，喜近水环境。

（左上图 段海生；右上图 段海生；下图 刘德山）

云雀

英文名	拉丁名	居留型	保护级别	IUCN
Eurasian Skylark	*Alauda arvensis*	冬、旅	国家二级	LC

【形态特征】 体型中等（16～18 cm），整体褐色。喙肉色；虹膜深褐色；头顶具耸起的羽冠，布满细密的黑色斑纹；有明显的浅色眉纹和深色髭纹，眉纹向下勾出脸盘的形状；体羽为灰褐色与黑色、棕色、白色构成的斑驳杂色；两翼收拢时初级飞羽凸出较长，后翼缘的白色于飞行时可见；尾分叉，羽缘白色。跗跖及趾肉色。

【生活习性】 活动于开阔环境，如近水的退水草滩、草原等地。常在空中悬停鸣唱，因此被称为"叫天子"。

（左上图 段海生；右上图 段海生；下图 王晓谦）

棕扇尾莺

英文名	拉丁名	居留型	保护级别	IUCN
Zitting Cisticola	*Cisticola juncidis*	留	三有	LC

【形态特征】 体型小（10～14 cm），整体褐色。喙褐色；虹膜褐色；眉纹长而清晰，皮黄色或白色；背部羽毛深褐色，具浅黄褐色边缘，形成数道纵纹；两翼由黑褐色及浅褐色组成纵纹；颈、两胁到尾下覆羽棕褐色；尾羽长，中央尾羽凸出，有白色羽端和黑色次羽端。跗跖及趾粉红色。

【生活习性】 活动于近水的田野、草地，在芦苇、香蒲等水边高草丛筑巢繁殖。

（左上图 段海生；右上图 刘德山；下图 段海生）

金头扇尾莺

英文名	拉丁名	居留型	保护级别	IUCN
Golden-headed Cisticola	*Cisticola exilis*	留	三有	LC

【形态特征】 体型小（9～11.5 cm），整体黄褐色。上喙黑色，下喙粉红色；虹膜褐色。雄鸟：繁殖期头顶到后颈浅黄白色；颈侧和两胁沾皮黄色；喉、尾下覆羽、下腹污白色。雌鸟和非繁殖期雄鸟羽色为褐色，具黑褐色粗纵纹；喉、胸、腹污白色；眉纹、颈侧、两胁、飞羽、尾羽棕黄色。跗跖及趾浅褐色。

【生活习性】 最高可分布于海拔 1500 m 的适宜生态环境，喜高草地、芦苇及稻田。性隐蔽，有时停于高草秆或矮树丛，飞行起伏。

（左上图 段海生；右上图 刘德山；下图 段海生）

山鹪莺

英文名	拉丁名	居留型	保护级别	IUCN
Striated Prinia	*Prinia striata*	留	三有	LC

【形态特征】 体型略大（15～16 cm），整体棕褐色。喙黑色；虹膜浅褐色；顶冠至颈部褐色，具细密的褐色或黑褐色纵纹；背部具褐色粗纵纹；翼羽和尾羽棕褐色；具长的凸形尾；下体偏白；两胁、胸及尾下覆羽沾茶黄色；胸部黑色纵纹明显。跗跖及趾偏粉色。

【生活习性】 多栖息于高草地及灌丛，常在耕地活动。

（左上图 喻晓安；右上图 刘德山；下图 刘德山）

黄腹山鹪莺

英文名	拉丁名	居留型	保护级别	IUCN
Yellow-bellied Prinia	*Prinia flaviventris*	留	三有	LC

【形态特征】 体型略大（12～14 cm），整体橄榄褐色。上喙黑色至褐色，下喙色浅；虹膜红色；头顶至颈侧青灰色；眉纹到眼先色浅，过眼纹黑色；有深色颊纹；喉白色；上体和尾羽橄榄褐色；胸腹部黄色。跗跖及趾橘色。

【生活习性】 栖息于芦苇沼泽、高草地及灌丛，常藏匿于高草地或芦苇中，在高处鸣叫。

（左上图 刘德山；右上图 喻晓安；下图 喻晓安）

纯色山鹪莺

英文名	拉丁名	居留型	保护级别	IUCN
Plain Prinia	*Prinia inornata*	留	三有	LC

【形态特征】 体型略大（11～15 cm），整体浅褐色。喙黑色，下喙色较浅；虹膜浅褐色；具米色眉纹；头顶、背、两翼及尾为暗灰褐色；下体淡皮黄色至棕黄色。跗跖及趾肉粉色。

【生活习性】 性胆大，在草丛中鸣叫移动，飞行一小段距离后躲入灌丛中。

（左上图 吴春红；右上图 吴春红；下图 喻晓安）

东方大苇莺

英文名	拉丁名	居留型	保护级别	IUCN
Oriental Reed Warbler	*Acrocephalus orientalis*	夏	三有	LC

【形态特征】　体型略大（17 ～ 19 cm），整体褐色。喙粗大，下喙粉褐色，喙内侧橙红色；虹膜褐色；头顶微有顶冠；具明显的皮黄色眉纹；喉及前胸米白色；胸具细纵纹；背及两翼棕褐色。跗跖及趾灰色。

【生活习性】　喜芦苇地、稻田、沼泽及低地次生灌丛，性活跃，在草丛及灌丛枝间跳跃，清晨在枝头鸣唱。

（左上图 段海生；右上图 赵学迅；下图 喻晓安）

黑眉苇莺

英文名	拉丁名	居留型	保护级别	IUCN
Black-browed Reed Warbler	*Acrocephalus bistrigiceps*	旅	三有	LC

【形态特征】体型中等（13.5～14 cm），整体褐色。上喙中间黑色，边缘黄色，下喙黄色；虹膜褐色；顶褐色；侧冠纹黑色；眉纹白色，粗且长，自喙基抵颈侧；喉、胸、腹为白色；两胁棕黄色；两翼褐色，飞羽色深，有浅色边缘，初级飞羽较长；尾羽黑褐色。跗跖及趾粉色。

【生活习性】活动于近水的灌丛，以及芦苇、香蒲等高草丛中。

（左上图 王晓谦；右上图 喻晓安；下图 王晓谦）

厚嘴苇莺

英文名	拉丁名	居留型	保护级别	IUCN
Thick–billed Warbler	*Arundinax aedon*	旅	三有	LC

【形态特征】 体型较大（18～21 cm），整体棕褐色。喙短厚，上喙中央色深，边缘黄色，下喙黄色；虹膜褐色；体羽浅棕褐色，无明显的斑纹；尾羽长，中央尾羽凸出。跗跖及趾灰褐色。

【生活习性】 活动于近水的灌丛，以及芦苇、香蒲等高草丛中。

（左上图 喻晓安；右上图 刘德山；下图 刘德山）

小蝗莺

英文名	拉丁名	居留型	保护级别	IUCN
Pallas's Grasshopper Warbler	*Helopsaltes certhiola*	旅	三有	LC

【形态特征】　体型中等（15 cm），整体红棕色。上喙褐色，下喙偏黄色；虹膜褐色；头顶到颈部灰褐色或橄榄色，满布褐色纵纹；体羽褐色，部分亚种偏红褐色；喉、胸、腹色浅；两胁皮黄色；背部有细密的黑色纵纹；尾羽扇状。跗跖及趾淡粉色。

【生活习性】　栖息于芦苇地、沼泽、稻田、近水的草丛以及林边地带。隐匿于浓密的植被下，即使被惊起，飞行仅几米远就又扎入覆盖物中。

（上图 喻晓安；下图 颜军）

崖沙燕

英文名	拉丁名	居留型	保护级别	IUCN
Sand Martin	*Riparia riparia*	旅	三有	LC

【形态特征】 体型较小（12～13 cm），雌雄同色。喙黑色；虹膜褐色；从额、枕到颈部和整个上体为褐色；耳部有白色月牙纹理并和喉部白色连为整体；胸腹到尾部羽毛白色；尾羽浅叉形。跗跖及趾黑色。

【生活习性】 喜在河流、湖泊、沼泽上飞行，会在凸出的树枝或电线上停歇。

（上图 雷进宇；下图 郝江）

淡色崖沙燕

英文名	拉丁名	居留型	保护级别	IUCN
Pale Sand Martin	*Riparia diluta*	留	三有	LC

【形态特征】 体型小（12~13 cm），雌雄同色。喙黑色；虹膜褐色；上体为灰褐色；喉白色，胸部有边缘模糊、窄的褐色胸带；腹部到尾下覆羽白色；跗跖及趾黑色。

【生活习性】 在土壁挖洞繁殖。常在沼泽、湖泊等湿地上空成大群飞翔，可于飞行中捕食。

（左上图 颜军；右上图 赵学迅；下图 魏斌）

家燕

英文名	拉丁名	居留型	保护级别	IUCN
Barn Swallow	*Hirundo rustica*	夏	三有	LC

【形态特征】 体型中等（17～19 cm），整体辉蓝色及白色。喙黑色；额部栗色；虹膜褐色；头部、背部及两翼辉蓝色；胸部栗色而具一道蓝色胸带；腹白色；尾长，且外侧尾羽最长，近端具白色点斑。跗跖及趾黑色。

【生活习性】 集小群活动于农村、城市，杯状泥巢，空中飞行捕食昆虫。

（左上图 段海生；右上图育雏 段海生；下图 段海生）

金腰燕

英文名	拉丁名	居留型	保护级别	IUCN
Red-rumped Swallow	*Cecropis daurica*	夏	三有	LC

【形态特征】 体型中等（16～20 cm），整体灰蓝色。喙黑色；头顶蓝色；虹膜褐色；颈部栗色；喉及胸部白色而具黑色细纹；背部和两翼辉蓝色；腰部栗色；下腹沾黄色；尾长而深开叉。跗跖及趾黑色。

【生活习性】 各类环境均可见到，喜近人，常在村庄等人居建筑檐上筑巢产卵。

（左上图 刘德山；右上图巢 段海生；下图 刘德山）

领雀嘴鹎

英文名	拉丁名	居留型	保护级别	IUCN
Collared Finchbill	*Spizixos semitorques*	留	三有	LC

【形态特征】 体型大（21～23 cm），整体橄榄绿色。厚重的喙呈象牙色，喙基白色；虹膜褐色；具灰黑色短羽冠；颊部具白色细纹；喉偏黑；颈背灰绿色，具白色颈纹；尾绿而尾端黑。跗跖及趾爪粉色。

【生活习性】 单独或成对活动于次生植被及灌丛，停于电线或小树枝，飞行中捕捉昆虫。

（左上图 吴春红；右上图 吴春红；下图 郝江）

黄臀鹎

英文名	拉丁名	居留型	保护级别	IUCN
Brown-breasted Bulbul	*Pycnonotus xanthorrhous*	留	三有	LC

【形态特征】　体型中等（19～21 cm），整体灰褐色。喙黑色；顶冠黑色；虹膜褐色；具黑色髭纹；背及两翼棕褐色；胸带灰褐色；腹部白色；尾下覆羽黄色，鲜艳；尾羽深褐色。跗跖及趾灰黑色。

【生活习性】　典型的群栖型鸟，栖息于丘陵次生林及灌丛。

（左上图　段海生；右上图　王晓谦；下图　吴春红）

白头鹎

英文名	拉丁名	居留型	保护级别	IUCN
Light-vented Bulbul	*Pycnonotus sinensis*	留	三有	LC

【形态特征】 体型中等（18～20 cm），整体橄榄绿色。喙黑色；头顶黑色，略具羽冠；虹膜褐色；眼后大块白色宽纹延伸至枕部；耳羽褐色；髭纹黑色；喉及上胸白色，臀白色。跗跖及趾黑色。

【生活习性】 常结小群在林间跳跃，活泼喧闹。

（左上图幼 吴春红；右上图 吴春红；下图 吴春红）

绿翅短脚鹎

英文名	拉丁名	居留型	保护级别	IUCN
Mountain Bulbul	*Ixos mcclellandii*	留	三有	LC

【形态特征】 体型大（21～24 cm），整体橄榄绿色。喙黑色，较细长；羽冠褐色，略耸起；颈背及上胸棕色；喉灰色，密布白色纵纹；背、两翼及尾偏绿色；腹白色；臀棕黄色。跗跖及趾肉粉色。

【生活习性】 集小群活动于林地，较吵闹。

（左上图 段海生；右上图 段海生；下图 段海生）

栗背短脚鹎

英文名	拉丁名	居留型	保护级别	IUCN
Chestnut Bulbul	*Hemixos castanonotus*	留	三有	LC

【形态特征】 体型较大（19.5～21.5 cm），整体深褐色。喙黑褐色；虹膜褐色或红褐色；额、眼部及颊为栗色；顶有短的黑色羽冠，枕为栗色；后颈到背部为栗色和栗褐色；喉白色；胸、腹、尾下覆羽白色或灰白色，胸有浅灰色胸带；两翼暗褐色，翼上小覆羽栗色，大覆羽、内侧初级飞羽和次级飞羽外翈具灰白色或黄绿色羽缘；尾羽为暗褐色，外侧尾羽具灰白色羽缘。跗跖及趾暗褐色或棕褐色。

【生活习性】 栖息于海拔 1000 m 以下的山林地带，在林缘地带觅食，冬季迁徙到低海拔地区越冬。

（左图 喻晓安；右上图 刘德山；右下图 王晓谦）

黑短脚鹎

英文名	拉丁名	居留型	保护级别	IUCN
Black Bulbul	*Hypsipetes leucocephalus*	夏、留	三有	LC

【形态特征】 体型中等（23.5 ～ 26.5 cm），有白头型和黑头型两种色型。喙红色；虹膜褐色；白头型，头颈为白色，其余羽毛黑色；黑头型，全身羽毛黑色。跗跖及趾红色。

【生活习性】 繁殖期位于海拔 500 ～ 3000 m 的山林地带，非繁殖期迁移到低地山林内。

（左上图白头型幼 王强；右上图白头型 喻晓安；下图白头型 喻晓安）

黄眉柳莺

英文名	拉丁名	居留型	保护级别	IUCN
Yellow-browed Warbler	*Phylloscopus inornatus*	旅	三有	LC

【形态特征】 体型中等（10～11 cm），整体橄榄绿色。上喙黑褐色，下喙基部黄色；虹膜褐色；顶冠纹细，并不清晰；具长的白色眉纹，深褐色过眼纹；下体颜色为白色到黄绿色；上体为鲜艳的橄榄绿色，两翼各具一长一短两道白色翼斑；三级飞羽具白色末端。跗跖及趾黄褐色。

【生活习性】 栖息于海拔 100～2400 m 的林地，迁徙和越冬时也见于低海拔的丘陵或平原的林地。

（左上图 刘德山；右上图 段海生；下图 刘德山）

黄腰柳莺

英文名	拉丁名	居留型	保护级别	IUCN
Pallas's Leaf Warbler	*Phylloscopus proregulus*	冬、旅	三有	LC

【形态特征】 体型小（9 ～ 10 cm），整体黄绿色。喙黑色；具清晰的顶冠纹；虹膜褐色；眉纹较粗，黄色前深后浅；背及两翼橄榄绿色，具两道黄色翼斑；腰柠檬黄色；胸腹灰白色；臀及尾下覆羽沾浅黄色。跗跖及趾肉色。

【生活习性】 垂直迁徙，多活动于高大树木的树冠层，常与其他小型鸟类混群。

（左上图 吴春红；右上图 吴春红；下图 刘德山）

巨嘴柳莺

英文名	拉丁名	居留型	保护级别	IUCN
Radde's Warbler	*Phylloscopus schwarzi*	旅	三有	LC

【形态特征】　体型中等（12.5～13.5 cm），整体褐色。上喙褐色，下喙黄色，喙较厚壮；虹膜褐色；眉纹前端皮黄色，向后逐渐变成白色，边缘不清晰；颊及耳羽有深色斑点；上体呈橄榄色，无斑纹；下体灰色，两胁沾皮黄色；尾下覆羽棕黄色。跗跖及趾粗壮，黄褐色。

【生活习性】　繁殖于海拔1400 m以下的林地，喜在灌丛、树林活动。

（左上图　喻晓安；右上图　喻晓安；下图　刘德山）

褐柳莺

英文名	拉丁名	居留型	保护级别	IUCN
Dusky Warbler	*Phylloscopus fuscatus*	旅、冬	三有	LC

【形态特征】 体型中等（11～12 cm），整体褐色。喙黄绿色，上喙带黑色；虹膜褐色；眉纹前端为白色，逐渐过渡到略带棕色；上体基本为褐色或橄榄色，无明显翼斑；下体乳白色，胸及两胁沾棕色。跗跖及趾褐色。

【生活习性】 繁殖期可分布于海拔 4500 m 的山林地带，迁徙季和越冬季在丘陵、平原的林地均可见，活跃于灌丛或树木中层。

（左上图 段海生；右上图 王晓谦；下图 傅伟）

棕腹柳莺

英文名	拉丁名	居留型	保护级别	IUCN
Buff-throated Warbler	*Phylloscopus subaffinis*	夏	三有	LC

【形态特征】　体型中等（10.5～11 cm），整体棕褐色。上喙色深，下喙黄色，喙尖黑色；虹膜褐色；头顶到上背橄榄色；粗的眉纹黄色，有黑色过眼纹；无翼斑；喉到前胸浅棕黄色或皮黄色；腹部羽毛皮黄色；外侧三枚尾羽有狭窄白色羽端及羽缘，在野外不明显。跗跖及趾深褐色。

【生活习性】　夏季繁殖于山区森林及灌丛，可分布至海拔 3600 m 的山林，在山丘及低地越冬，藏匿于浓密的林下植被中。

（左图 韩宁；右上图 段海生；右下图 段海生）

冕柳莺

英文名	拉丁名	居留型	保护级别	IUCN
Eastern Crowned Warbler	*Phylloscopus coronatus*	旅	三有	LC

【形态特征】 体型中等（11～12 cm），整体橄榄绿色。上喙褐色，下喙黄色；虹膜深褐色；顶冠纹白色，前端不清晰，至枕部逐渐清晰，侧冠纹褐色；眉纹明显，白色带黄色；喉至下体白色；上体为鲜亮的橄榄绿色，具1～2道白色翼斑；飞羽有黄色的羽缘；尾下覆羽淡黄色。跗跖及趾绿黄色。

【生活习性】 栖息于海拔2000 m以下的林地，迁徙和越冬时也见于低海拔的丘陵或平原的林地。

（左上图 刘德山；右上图 刘德山；下图 刘德山）

灰冠鹟莺

英文名	拉丁名	居留型	保护级别	IUCN
Grey-crowned Warbler	*Phylloscopus tephrocephalus*	夏、旅	三有	LC

【形态特征】　体型中等（10～11 cm），整体黄绿色。头顶蓝灰色，眉纹灰色，具黑色侧冠纹，眼圈亮金黄色，在后方断开，下体柠檬黄色，两胁带黄绿色，通常具一道不太明显的翼斑。

【生活习性】　栖息于海拔1200～1900 m的山地常绿阔叶林和次生林中，常在树丛中活动，快速飞捕昆虫。

（左上图　王晓谦；右上图　王晓谦；下图　王晓谦）

双斑绿柳莺

英文名	拉丁名	居留型	保护级别	IUCN
Two-barred Warbler	*Phylloscopus plumbeitarsus*	旅	三有	LC

【形态特征】 体型中等（11.5～12 cm），整体橄榄绿色。喙较粗壮，上喙深褐色，下喙黄色；虹膜褐色；头顶到整个上体均为深橄榄绿色；有起自喙基的白色长眉纹；下体白色，有时头及颈侧沾点黄色；具两道粗且清晰的白色翼斑。跗跖及趾深蓝灰色。

【生活习性】 栖息于海拔 400～4000 m 的林地，迁徙和越冬时也见于低海拔的丘陵或平原的林地。

（上图 涂文波；下图 涂文波）

淡脚柳莺

英文名	拉丁名	居留型	保护级别	IUCN
Pale-legged Leaf Warbler	*Phylloscopus tenellipes*	旅	三有	LC

【形态特征】 体型中等（10～11 cm），整体橄榄绿色。喙黑色，喙尖灰色；虹膜褐色 头顶及颈部为深灰色；有白色长眉纹及深橄榄色的过眼纹；颈侧、两胁沾黄色；喉至下体近白色；上体为橄榄绿色，翼上有两道浅色翼斑。跗跖及趾浅粉色。

【生活习性】 栖息于海拔 1800 m 以下的林地，迁徙和越冬时也见于低海拔的丘陵或平原的林地。

（左上图 王晓谦；右上图 刘德山；下图 刘德山）

极北柳莺

英文名	拉丁名	居留型	保护级别	IUCN
Arctic Warbler	*Phylloscopus borealis*	旅	三有	LC

【形态特征】 体型中等（12～13 cm），整体灰橄榄色。喙尖细，下喙黄褐色；虹膜深褐色；头扁平，黄白色长眉纹未达喙基；上体深橄榄色或灰绿色，具两道浅白色翼斑；下体污白色；两胁褐橄榄色。跗跖及趾褐色。

【生活习性】 喜开阔有林地区、红树林、次生林及林缘地带，性活跃，动作敏捷，常与其他鸟类混群，以昆虫为食。

（左上图 刘德山；右上图 王晓谦；下图 刘德山）

栗头鹟莺

英文名	拉丁名	居留型	保护级别	IUCN
Chestnut-crowned Warbler	*Phylloscopus castaniceps*	夏	三有	LC

【形态特征】 体型小（9～10 cm），整体橄榄色。上喙黑色，下喙色浅；顶冠红褐色；虹膜褐色；侧冠纹及过眼纹黑色；眼圈白色；脸颊灰色；喉至前胸灰色；颈及背灰色；两翼橄榄色，翼斑黄色；腰及两胁黄色；腹部黄灰色。跗跖及趾肉色。

【生活习性】 单独或成对活动，也集小群，活跃于山区林地，在树冠层觅食，常与其他鸟类混群。

（左上图 王晓谦；右上图 王晓谦；下图 王晓谦）

黑眉柳莺

英文名	拉丁名	居留型	保护级别	IUCN
Sulphur-breasted Warbler	*Phylloscopus ricketti*	夏	三有	LC

【形态特征】 体型中等（10～11 cm），整体橄榄绿色。上喙黑色，下喙黄色；虹膜褐色；顶冠纹淡黄绿色，侧冠纹黑色；眉纹黄绿色，过眼纹黑色；颊、颏、喉到整个下体黄绿色；背及翅橄榄绿色，两翅具1～2道黄色翼斑。跗跖及趾黄粉色。

【生活习性】 栖息于海拔100～2400 m的林地，迁徙和越冬时也见于低海拔的丘陵或平原的林地。

（左上图 王晓谦；右上图 刘德山；下图 刘德山）

冠纹柳莺

英文名	拉丁名	居留型	保护级别	IUCN
Claudia's Leaf Warbler	*Phylloscopus claudiae*	夏、旅	三有	LC

【形态特征】 体型小（10 cm），整体灰绿色。上喙黑色，下喙粉色；虹膜褐色；顶冠纹、眉纹黄色；侧冠纹、过眼纹黑色；肩、背绿色；翼上有两道黄色翼斑；飞羽黑色，有黄色羽缘；颊、两胁、尾下覆羽沾黄色；下体污白色；外侧两枚尾羽的内翈具白边。跗跖及趾黄绿色。

【生活习性】 活动于树林茂密处及灌丛，会倒悬在枝叶下觅食。

（左上图 王晓谦；右上图 段海生；下图 刘德山）

棕脸鹟莺

英文名	拉丁名	居留型	保护级别	IUCN
Rufous-faced Warbler	*Abroscopus albogularis*	留	三有	LC

【形态特征】 体型小（8～9 cm），整体栗色和绿色。头及脸栗色；上喙色暗，下喙色浅；虹膜褐色；侧冠纹黑色；颏及喉具杂黑色点斑；背及两翼绿色；腰黄色；上胸沾黄色；腹部白色。跗跖及趾粉褐色。亚成鸟色淡。

【生活习性】 栖息于常绿林及竹林密丛，常单独活动，以昆虫为食。

（左上图 刘德山；右上图 吴春红；下图 刘德山）

远东树莺

英文名	拉丁名	居留型	保护级别	IUCN
Manchurian Bush Warbler	*Horornis canturians*	夏	三有	LC

【形态特征】 体型大（15 ～ 18 cm），整体棕褐色。上喙褐色，下喙黄色；虹膜褐色；头顶棕红色；眉纹皮黄色，过眼纹深褐色；胸腹部沾皮黄色。跗跖及趾粉红色。

【生活习性】 活动于海拔 1500 m 以下的灌丛和阔叶林，喜林缘地带，常在高草丛、灌丛活动。雄鸟在高草丛或灌丛顶端鸣唱求偶。

（左上图 刘德山；右上图 段海生；下图 赵学迅）

强脚树莺

英文名	拉丁名	居留型	保护级别	IUCN
Brownish-flanked Bush Warbler	*Horornis fortipes*	留	三有	LC

【形态特征】 体型略小（11 ～ 12 cm），整体暗褐色。上喙褐色，下喙色淡；头棕色；虹膜褐色；具较长的皮黄色眉纹；下体偏白而染褐黄色，尤其是胸侧、两胁及尾下覆羽。跗跖及趾肉棕色。繁殖期叫声比较特别。

【生活习性】 常单只藏于浓密灌丛，易闻其声但难见其身。

（左上图 喻晓安；右上图 喻晓安；下图 段海生）

银喉长尾山雀

英文名	拉丁名	居留型	保护级别	IUCN
Silver-throated Bushtit	*Aegithalos glaucogularis*	留	三有	LC

【形态特征】 体型略小（13～16 cm），整体灰色。喙黑色；虹膜深褐色；头侧具宽的黑色眉纹并带白边；翼上褐色及黑色；胸腹部沾粉色；尾羽甚长且具浅色边缘。跗跖及趾深褐色。

【生活习性】 栖息于阔叶林和灌丛，喜湿地环境，常成群活动。

（左上图 刘德山；右上图 段海生；下图 段海生）

红头长尾山雀

英文名	拉丁名	居留型	保护级别	IUCN
Black-throated Bushtit	*Aegithalos concinnus*	留	三有	LC

【形态特征】 体型小（9～12 cm），整体灰红色。喙黑色；头顶及后颈栗红色，虹膜灰白色；过眼纹宽而黑；颏及喉白色，喉部中央具黑色斑块；胸部具栗红色胸带，并延伸至两胁；腹部白色；背及两翼灰色。跗跖及趾橘黄色。幼鸟似成鸟，栗红色部分为淡黄色。

【生活习性】 栖息于林缘地带，常成群活动。

（左上图幼 吴春红；右上图 吴春红；下图 吴春红）

银脸长尾山雀

英文名	拉丁名	居留型	保护级别	IUCN
Sooty Bushtit	*Aegithalos fuliginosus*	留	三有	LC

【形态特征】　体型小（10～11 cm），整体灰褐色。喙黑色；虹膜黄色；顶冠棕色；眉纹和脸银灰色；喉和颈环白色；胸部有棕褐色胸带；腹部白色；两胁棕色；尾褐色而侧缘白色。跗跖及趾近黑色。

【生活习性】　分布于海拔 1000～2600 m 的落叶阔叶林及多荆棘的栎树林，喜群居。

（左上图　段海生；右上图　郝江；下图　郝江）

棕头鸦雀

英文名	拉丁名	居留型	保护级别	IUCN
Vinous-throated Parrotbill	*Sinosuthora webbiana*	留	三有	LC

【形态特征】 体型小（11～13 cm），整体褐色。喙小，似山雀；头顶暗棕色；虹膜黑色；喉粉红色；背灰褐色；翅缘棕红色。跗跖及趾粉灰色。

【生活习性】 活泼而好集群，通常于林下植被及低矮树丛中穿梭，短距离飞行。

（左上图 段海生；右上图 刘德山；下图 刘德山）

白领凤鹛

英文名	拉丁名	居留型	保护级别	IUCN
White-collared Yuhina	*Parayuhina diademata*	留	三有	LC

【形态特征】 体型较大（14.5 ～ 18 cm），整体灰褐色。喙黄色；虹膜偏红色；眼先、前额、颊黑色；顶高耸，形成蓬松的羽冠，冠羽褐色；后枕具大型白色斑块；飞羽黑色而羽缘近白色；下腹部白色。跗跖及趾粉红色。

【生活习性】 山区留鸟，常成对或结小群活动于海拔 1100 ～ 3600 m 的灌丛，冬季下至海拔 800 m 处。

（左上图 段海生；右上图 段海生；下图 段海生）

黑颏凤鹛

英文名	拉丁名	居留型	保护级别	IUCN
Black-chinned Yuhina	*Yuhina nigrimenta*	留	三有	LC

【形态特征】 体型小（9～10 cm），雌雄同色。上喙黑色，下喙红色；虹膜褐色；羽冠短；头灰色；额、眼先及颏二部黑色；上体橄榄灰色；下体偏白色。跗跖及趾橘黄色。

【生活习性】 夏季多见于海拔 530～2300 m 的山区森林的树冠层中，冬季下至海拔 300 m 处，有时与其他种类结成一群。

（左上图 王晓谦；右上图 喻晓安；下图 段海生）

红胁绣眼鸟

英文名	拉丁名	居留型	保护级别	IUCN
Chestnut-flanked White-eye	*Zosterops erythropleurus*	旅	国家二级	LC

【形态特征】 体型小（10.5～11.5 cm），整体黄绿色。喙橄榄色，喙尖黑色；虹膜红褐色，有粗的白色眼圈；眼先黑色；胸腹灰色；两胁有大块栗红色斑块。跗跖及趾灰色。

【生活习性】 生活于海拔 2600 m 以下的山林，在东北地区繁殖，华南地区越冬，喜集群。

（左上图 傅伟；右上图 刘德山；下图 刘德山）

暗绿绣眼鸟

英文名	拉丁名	居留型	保护级别	IUCN
Swirhoe's White-eye	*Zosterops simplex*	留、夏、旅	三有	LC

【形态特征】 体型小（10～11 cm），整体黄绿色。喙灰色，上喙基部至额黄色；头顶黄绿色；虹膜浅褐色；眼眶及眼周具白色裸皮；喉及上胸黄色；腹部灰白色；背部及两翼橄榄色。跗跖及趾偏灰色。

【生活习性】 性活泼而喧闹，于树顶啄食小型昆虫、小浆果及花蜜，常与其他小型雀鸟混群。

（左上图 段海生；右上图 喻晓安；下图 刘德山）

斑胸钩嘴鹛

英文名	拉丁名	居留型	保护级别	IUCN
Black-streaked Scimitar Babbler	*Erythrogenys gravivox*	留	三有	LC

【形态特征】 体型略大（21～25 cm），整体棕褐色。喙灰色至褐色，细长而下弯；虹膜黄色至栗色；眼先红色；有短的黑色髭纹；胸前有短而粗的黑色纵纹；背、翅及尾羽为深橄榄色；脸颊、两胁到腹部羽毛棕色；尾下覆羽棕红色。跗跖及趾黄褐色。

【生活习性】 栖息于海拔 200～3700 m 的开阔林地，阔叶林、灌丛、竹林均可见到，多成对或集群活动，在林间地面落叶中觅食。

（左上图 王晓谦；右上图 王晓谦；下图 王晓谦）

棕颈钩嘴鹛

英文名	拉丁名	居留型	保护级别	IUCN
Streak-breasted Scimitar Babbler	*Pomatorhinus ruficollis*	留	三有	LC

【形态特征】 体型略小（16～19 cm），整体褐色。喙细长而下弯，上喙端部黄色，基部黑色，下喙黄色；头顶棕色；虹膜褐色；具白色的长眉纹；眼先黑色；具栗色的颈圈；喉白色；胸具纵纹。跗跖及趾灰褐色。不同亚种在喙、胸和上背有细微差别。

【生活习性】 成对或集小群活动，性羞怯，在林下层觅食。

（左上图 段海生；右上图 段海生；下图 郝江）

红头穗鹛

英文名	拉丁名	居留型	保护级别	IUCN
Rufous-capped Babbler	*Cyanoderma ruficeps*	留	三有	LC

【形态特征】 体型小（12 cm），整体橄榄绿色。喙近黑色；虹膜红色；顶冠棕红色；眼线暗黄色；喉部、胸部及头侧沾黄色；背部橄榄色到暗灰色；胸腹黄色，带橄榄绿色。跗跖及趾黄绿色。

【生活习性】 栖息于海拔 200～2500 m 的阔叶林、竹林等地，在浓密的林间灌丛中活动。

（左上图 段海生；右上图 段海生；下图 刘德山）

灰眶雀鹛

英文名	拉丁名	居留型	保护级别	IUCN
David's Fulvetta	*Alcippe davidi*	留	三有	LC

【形态特征】 体型略大（12～14 cm），整体灰褐色。喙灰黑色；头灰色；虹膜红色；具明显的白色眼圈；眉纹色较浅；喉偏泥黄色，具细纹；胸腹部污白色。跗跖及趾粉灰色。

【生活习性】 常集群活动于林地及灌丛，与其他小鸟形成鸟浪。

（左上图 段海生；右上图 段海生；下图 郝江）

画眉

英文名	拉丁名	居留型	保护级别	IUCN
Chinese Hwamei	*Garrulax canorus*	留	国家二级	LC

【形态特征】 体型中等（21～24 cm），整体灰褐色。喙黄绿色；有明显的白色眼圈并延伸至眼后，形成白色眉纹；虹膜褐色或浅黄色；头顶、颈、喉部褐色，具深色细纵纹；腹部灰色。跗跖及趾偏黄色。

【生活习性】 活动于海拔1800 m以下的灌丛、林地、竹林、芦苇丛或花园，单独或集小群出现。

（左上图 段海生；右上图 喻晓安；下图 段海生）

眼纹噪鹛

英文名	拉丁名	居留型	保护级别	IUCN
Spotted Laughingthrush	*Ianthocincla ocellata*	留	国家二级	LC

【形态特征】 体型较大（30～34 cm），雌雄同色。喙灰色；虹膜黄色；本区域分布的为 Artemesiae 亚种。头部大片黑色；眼周围及脸颊和喉部有黄色斑；脸颊下有白色细纹；肩背及翼上覆羽棕褐色，有黑白色斑点；初级飞羽羽根蓝灰色，羽尖黑色；次级飞羽和三级飞羽红褐色；胸部黄色，有白色细斑组成的横纹；腹部黄色；尾羽红褐色，尾羽尖白色，紧挨白色部分有窄的黑色区域。跗跖及趾粉红色。

【生活习性】 常见于海拔 1100～3100 m 的山林内，喜集小群活动，在林间落叶间寻找食物。

（左上图 郝江；右上图 郝江；下图 郝江）

白颊噪鹛

英文名	拉丁名	居留型	保护级别	IUCN
White–browed Laughingthrush	*Pterorhinus sannio*	留	三有	LC

【形态特征】 体型中等（22～24 cm），整体灰褐色。喙褐色；头灰褐色，略有冠羽；虹膜褐色；眉纹、眼先及颊白色；尾下覆羽棕黄色；其他羽色灰褐色。亚种有细微差异。跗跖及趾灰褐色。

【生活习性】 单独或成对活动于次生灌丛、竹丛及林缘空地，较其他噪鹛胆大，常于林下翻找食物。

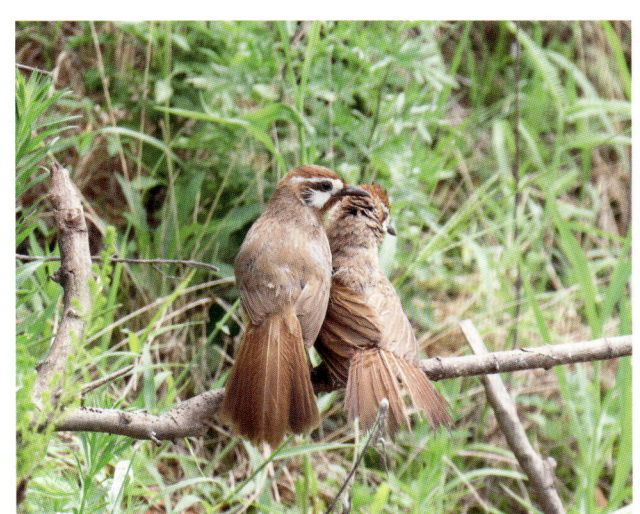

（左上图 吴春红；右上图 喻晓安；下图 刘德山）

黑脸噪鹛

英文名	拉丁名	居留型	保护级别	IUCN
Masked Laughingthrush	*Pterorhinus perspicillatus*	留	三有	LC

【形态特征】 体型中等（21～24 cm），整体灰褐色。头灰褐色；喙灰黑色；虹膜褐色；额及眼先黑色；上体暗褐色；外侧尾羽端宽，深褐色；下体偏灰色，腹部近白色；尾下覆羽黄褐色。跗跖及趾深褐色。

【生活习性】 集小群活动于浓密灌丛、次生林、田地及城市，性喧闹，多在地面取食，一般不做长距离飞行。

（左上图　吴春红；右上图　吴春红；下图　吴春红）

黑领噪鹛

英文名	拉丁名	居留型	保护级别	IUCN
Greater Necklaced Laughingthrush	*Pterorhinus pectoralis*	留	三有	LC

【形态特征】 体型略大（26.5～34.5 cm），雌雄近色。上喙黑色，下喙灰色；虹膜栗色；头顶至枕棕褐色，颈部纹理连接至两胁棕色；眼先到眉纹白色；过眼纹黑色，且向后连接到胸带；雄鸟胸带黑色，雌鸟胸带蓝灰色；脸颊、颏、喉白色，脸颊具数道黑色斑点构成的条纹；背、翼褐色；胸腹白色；尾羽褐色并具有白色羽缘和黑色次羽缘。跗跖及趾蓝灰色。

【生活习性】 栖息于平原、低海拔丘陵等地，喜在灌丛、树林成群活动，性嘈杂。

（左上图 王强；右上图 王晓谦；下图 王强）

矛纹草鹛

英文名	拉丁名	居留型	保护级别	IUCN
Chinese Babax	*Pterorhinus lanceolatus*	留	三有	LC

【形态特征】　体型较大（25 ～ 29 cm）。喙黑色，略下弯；虹膜黄色；整体棕褐色，布满深灰褐色纵纹；有粗大的深色髭纹；尾羽甚长，具狭窄的横斑。跗跖及趾粉褐色。

【生活习性】　栖息于开阔的山区森林及丘陵森林的灌丛及林下，结小群于地面活动和取食，性甚隐蔽。

（左上图　段海生；右上图　段海生；下图　段海生）

白喉噪鹛

英文名	拉丁名	居留型	保护级别	IUCN
White-throated Laughingthrush	*Pterorhinus albogularis*	留	三有	LC

【形态特征】　体型中等（28～30 cm），整体褐色。喙深灰黑色；虹膜偏灰色；前额棕黄色；顶、肩、背、翼上羽毛棕褐色；喉及前胸白色；有棕褐色胸带；腹部棕色。跗跖及趾灰色。

【生活习性】　分布于海拔 850～1800 m 的原始阔叶林，性吵嚷，结群栖息于森林树冠层或浓密灌丛。

（上图　王晓谦；下图　郝江）

橙翅噪鹛

英文名	拉丁名	居留型	保护级别	IUCN
Elliot's Laughingthrush	*Trochalopteron elliotii*	留	国家二级	LC

【形态特征】 体型中等（22 ～ 26 cm），整体棕褐色。喙褐色；虹膜浅乳白色；眼先到前额黑色；头顶、枕、肩、背、喉、胸、腹橄榄褐色；飞羽有大面积橙黄色，形成色斑；臀及尾下覆羽黄褐色；尾羽黄褐色而端白。跗跖及趾褐色。

【生活习性】 常见于海拔 1200 ～ 4800 m 所有森林类型的林下植被，喜结小群于开阔次生林、灌丛的林下植被及竹丛中取食。

（左上图 王晓谦；右上图 段海生；下图 段海生）

蓝翅希鹛

英文名	拉丁名	居留型	保护级别	IUCN
Blue-winged Minla	*Actinodura cyanouroptera*	留	三有	LC

【形态特征】　体型较小（14～15.5 cm），雌雄同色。喙黑色；虹膜褐色；头顶蓝色，有细小的白色条纹；眼周有大片白色纹；颈部蓝色；肩部和翼上覆羽褐色；胸腹部灰色；飞羽和尾羽外侧深蓝色，内侧浅蓝色。跗跖及趾粉红色。

【生活习性】　常见于海拔 1000～2800 m 的山林内，属典型的林栖鸟类，集小群在树冠活动。

（左上图 郝江；右上图 郝江；下图 郝江）

红嘴相思鸟

英文名	拉丁名	居留型	保护级别	IUCN
Red-billed Leiothrix	*Leiothrix lutea*	留	国家二级	LC

【形态特征】 体型略小（14～15 cm），色彩艳丽。喙鲜红色；头顶橄榄绿色；虹膜褐色；眼周有黄色块斑；喉部鲜黄色延伸至前胸并过渡为橙黄色；翼略黑，具红色和黄色的翼纹；尾近黑而略分叉。跗跖及趾粉色。

【生活习性】 成群栖息于次生林的林下植被，较吵闹，鸣声欢快，在林下快速穿梭，也会在地面觅食。

（左上图 王晓谦；右上图 吴春红；下图 吴春红）

黑头奇鹛

英文名	拉丁名	居留型	保护级别	IUCN
Dark-backed Sibia	*Heterophasia desgodinsi*	留	三有	LC

【形态特征】 体型较大（20～24 cm），整体黑灰色。喙黑色；虹膜褐色；头顶到脸颊黑色；喉白色；肩、背、胁灰色；胸环灰色和肩背相连；飞羽黑色；腰部羽毛浅灰色；胸腹部羽毛色浅；尾羽长，黑色，尾端灰色。跗跖及趾灰色。

【生活习性】 栖息于中南部及南部海拔 1200 m 以上的山区森林，性甚隐秘且动作笨拙。

（左上图 王晓谦；右上图 吴春红；下图 吴春红）

鹪鹩

英文名	拉丁名	居留型	保护级别	IUCN
Eurasian Wren	*Troglodytes troglodytes*	留	三有	LC

【形态特征】 体型小巧（9～11 cm），雌雄同色。喙褐色，细长；虹膜褐色；眉纹皮黄色；通体羽色深黄褐色，布满黑色横斑；尾羽短，常上翘。跗跖及趾褐色。

【生活习性】 栖息于山间溪流、河谷内，喜在灌丛、高草丛活动。

（左上图 刘德山；右上图 刘德山；下图 刘德山）

褐河乌

英文名	拉丁名	居留型	保护级别	IUCN
Brown Dipper	*Cinclus pallasii*	留	三有	LC

【形态特征】　体型略大（18～24 cm），整体黑褐色。喙深褐色；虹膜褐色；眼有不明显的白色眼圈，有时看上去有白色小块斑；尾短，常上下抽动。跗跖及趾深褐色。

【生活习性】　成对活动于海拔 300 m 以上的湍急的溪流。在大型砾石间活动，并潜水捕食石缝中的水生昆虫等。

（左上图 刘德山；右上图 段海生；下图 段海生）

八哥

英文名	拉丁名	居留型	保护级别	IUCN
Crested Myna	*Acridotheres cristatellus*	留	三有	LC

【形态特征】 体型略大（23 ～ 28 cm），整体黑色。喙象牙色，下喙基部粉红色；额部黑色簇羽弯曲向上；虹膜橘黄色；飞羽基部白色，形成较大白斑，停歇时不易见，尾下覆羽黑色，具白色横纹，其余羽色黑色。跗跖及趾暗黄色。

【生活习性】 成对或结小群生活，一般见于旷野或城镇及花园，在地面行走觅食。

（左上图 喻晓安；右上图 刘德山；下图 吴春红）

丝光椋鸟

英文名	拉丁名	居留型	保护级别	IUCN
Red-billed Starling	*Spodiopsar sericeus*	留	三有	LC

【形态特征】 体型中等（18～23 cm），整体灰色及黑白色。喙红色，尖端近黑色；虹膜黑色；头白色或沾黄色并具丝状羽；两翼及尾辉黑色；飞行时初级飞羽的白斑明显；其余体羽灰色。跗跖及趾橘黄色。

【生活习性】 常集群，与其他椋鸟混群，在地面觅食，停歇在树上或电线上。

（左上图 刘德山；右上图 颜昌军；下图 颜昌军）

灰椋鸟

英文名	拉丁名	居留型	保护级别	IUCN
White–cheeked Starling	*Spodiopsar cineraceus*	留	三有	LC

【形态特征】 体型中等（19～23 cm），整体棕灰色。喙黄色，尖端黑色；头黑色或深灰色；头侧具白色纵纹；虹膜红褐色；脸颊白色；背、两翼及胸腹部棕灰色；腰白色；尾下覆羽白色。跗跖及趾暗橘色。

【生活习性】 常集群，与其他椋鸟混群，在地面觅食，飞行时身体呈三角状，停歇在树上或电线上。

（左上图 段海生；右上图 王晓谦；下图 段海生）

黑领椋鸟

英文名	拉丁名	居留型	保护级别	IUCN
Black–collared Starling	*Gracupica nigricollis*	留	三有	LC

【形态特征】　体型大（27 ～ 30.5 cm），雌雄近色。喙黑色；虹膜黄色；头白色；眼周及脸颊有黄色裸皮；颈环及上胸黑色带宽；背及两翼黑色，翼羽缘白色；初级飞羽根部白色；尾羽黑而尾端白。雌鸟似雄鸟但多褐色。跗跖及趾浅灰色。

【生活习性】　栖息于开阔的草地、退水草滩、农田等环境，喜湿地，常成对或集小群活动，在地面行走觅食。

（左上图 喻晓安；右上图 喻晓安；下图 刘德山）

北椋鸟

英文名	拉丁名	居留型	保护级别	IUCN
Daurian Starling	*Agropsar sturninus*	旅	三有	LC

【形态特征】 体型略小（16 ～ 19 cm），雌雄相近。喙近黑色；虹膜褐色；雌鸟头顶浅褐色，飞羽深褐色；雄鸟枕部有紫黑色斑块，飞羽近黑色；雌雄两性的背羽均为深褐色。跗跖及趾绿色。

【生活习性】 集小群活动，性格谨慎，不似其他椋鸟喧闹，可能存在合作繁殖。

（喻晓安）

橙头地鸫

英文名	拉丁名	居留型	保护级别	IUCN
Orange-headed Thrush	*Geokichla citrina*	夏、旅	三有	LC

【形态特征】 体型中等（20～23 cm），雌雄近色。喙黑色；虹膜褐色；头橙黄色。雄鸟：眼下及耳羽具两道深色的垂直条纹；头、颈及胸腹部深橙黄色；背及两翼蓝灰色，翼具白色横纹；臀及尾下覆羽白色。雌鸟：上体橄榄灰色。跗跖及趾黄色。

【生活习性】 栖息于林地，活动于林缘地带，喜山谷溪流，在树枝中段筑巢繁殖。

（左上图雌 刘德山；右上图雌 王晓谦；下图雄 魏斌）

白眉地鸫

英文名	拉丁名	居留型	保护级别	IUCN
Siberian Thrush	*Geokichla sibirica*	旅	三有	LC

【形态特征】 体型中等（20～23 cm），雌雄异色。喙黑色；虹膜褐色。雄鸟：体色黑，有粗的白色眉纹，腹部羽毛白色，臀羽到尾下覆羽有黑白相间的横纹。雌鸟：体色灰褐色；头部有明显的皮黄色眉纹、颊纹、喉纹；具黑色的过眼纹、髭纹；上体灰色有不明显的翼斑，下体有黑色的鳞片状斑纹。跗跖及趾灰黄色。

【生活习性】 喜河谷环境，在下层植被或林地栖息，性安静，常单独或成对活动于地面，遇惊扰则飞到树上躲避。

（上图幼 刘德山；下图雌 颜军）

虎斑地鸫

英文名	拉丁名	居留型	保护级别	IUCN
White's Thrush	*Zoothera aurea*	冬、旅	三有	LC

【形态特征】 体型大（26～30 cm），整体具鳞状斑。喙深褐色，下喙有黄色斑；虹膜褐色；上体褐色，下体白色，羽缘金黄色或黑色，遍布鳞状斑；尾羽褐色，外侧尾羽端部白色。跗跖及趾粉色。

【生活习性】 在林地栖息，喜溪流环境，迁徙时会出现在灌丛、林缘等地。

（左上图 王晓谦；右上图 王晓谦；下图 喻晓安）

灰背鸫

英文名	拉丁名	居留型	保护级别	IUCN
Grey-backed Thrush	*Turdus hortulorum*	冬	三有	LC

【形态特征】 体型略小（18～23 cm），雌雄异色。喙黄色；虹膜褐色；两胁棕色。雄鸟：上体全灰色；喉灰色或偏白色；胸灰色；腹中心及尾下覆羽白色；两胁及翼下橘黄色。雌鸟：上体褐色较重；喉及胸白色；胸侧及两胁具黑色点斑。跗跖及趾肉色。

【生活习性】 栖息于海拔 1500 m 以下的山林地带，喜在靠近水的地点活动。

（左上图雌 吴春红；右上图雄 吴春红；下图雄 吴春红）

乌灰鸫

英文名	拉丁名	居留型	保护级别	IUCN
Japanese Thrush	*Turdus cardis*	夏	三有	LC

【形态特征】 体型略小（18～23 cm），雄雌异色。雄鸟：喙黄色，头及上胸黑色，背灰色，腹部及两胁具黑色点斑，跗跖及趾肉色。雌鸟：上体灰褐色，下体白色，上胸具偏灰色的横斑，胸侧及两胁沾栗色且有黑色点斑。幼鸟褐色较浓，下体多赤褐色。

【生活习性】 栖息于落叶林，藏身于稠密植物丛及树林，甚羞怯，一般独处，迁徙时常结小群。

（左上图雌 颜军；右上图幼 段海生；下图雄 刘德山）

灰翅鸫

英文名	拉丁名	居留型	保护级别	IUCN
Grey-winged Blackbird	*Turdus boulboul*	夏	三有	LC

【形态特征】 体型略大（28～29 cm），雌雄异色。喙橘黄色；虹膜褐色。雄鸟：似乌鸫；喙及眼圈黄色；大覆羽及次级飞羽灰色；胸腹部黑色，具灰色鳞状纹。雌鸟：全体橄榄褐色；翅棕色；翼上具浅红褐色斑。跗跖及趾深褐色。

【生活习性】 栖息于各类林地，喜山林地带，冬季靠近灌丛、村庄旁边。

（左上图雌 段海生；右上图雌雄 段海生；下图雄 段海生）

乌鸫

英文名	拉丁名	居留型	保护级别	IUCN
Chinese Blackbird	*Turdus mandarinus*	留	三有	LC

【形态特征】 体型略大（28～29 cm），整体黑灰色。雄鸟：全黑色；喙橘黄色；黄色眼圈较窄。雌鸟：上体黑褐色，下体深褐色，有暗纹，喙暗绿黄色至黑色。跗跖及趾黑色。

【生活习性】 适应各种生境，胆大不甚怕人，常静静地在地面翻找食物。

（左上图 刘德山；右上图幼 吴春红；下图 吴春红）

灰头鸫

英文名	拉丁名	居留型	保护级别	IUCN
Chestnut Thrush	*Turdus rubrocanus*	留	三有	LC

【形态特征】 体型略小（25 cm），雌雄近色。喙黄色，虹膜褐色。雄鸟：头、颈、喉、胸深灰色，两翼及尾黑色，体羽栗红色。雌鸟：头、颈灰色较浅，有浅色眉纹、髭纹等。跗跖及趾黄色。

【生活习性】 栖息于海拔 2100 ～ 3700 m 的亚高山落叶林及针叶林，冬季迁往较低海拔处越冬。

（左上图 段海生；右上图 王晓谦；下图 段海生）

白眉鸫

英文名	拉丁名	居留型	保护级别	IUCN
Eyebrowed Thrush	*Turdus obscurus*	旅	三有	LC

【形态特征】 体型中等（20～24 cm），整体棕褐色。喙基部黄色，喙端黑色；虹膜褐色。雄鸟：眼先黑色；眉纹白色，眼下有白色纹理；头、颈、喉深灰色；上体橄榄褐色；胸到两胁棕褐色；腹部白色。雌鸟：头、颈褐色；喉及颊白色，有褐色髭纹。跗跖及趾棕黄色。

【生活习性】 繁殖于针阔叶混交林，喜溪流，并在其旁筑巢繁殖。

（左上图 喻晓安；右上图 刘德山；下图 喻晓安）

白腹鸫

英文名	拉丁名	居留型	保护级别	IUCN
Pale Thrush	*Turdus pallidus*	冬、旅	三有	LC

【形态特征】 体型中等（22～23 cm），雌雄异色。上喙灰色、下喙黄色；虹膜褐色；腹部及臀白色；外侧两枚尾羽具宽的白色羽端。雄鸟：头及喉灰褐色。雌鸟：头褐色，喉偏白而略具细纹；背栗色。跗跖及趾浅黄褐色。

【生活习性】 栖息于混交林，迁徙时可见于各类树林环境。

（左上图雄 段海生；右上图雄 段海生；下图雌 王晓谦）

红尾斑鸫

英文名	拉丁名	居留型	保护级别	IUCN
Naumann's Thrush	*Turdus naumanni*	冬	三有	LC

【形态特征】 体型中等（14～20 cm），雌雄相近。上喙黑色，下喙黄色；虹膜褐色。雄鸟：头顶褐色；眉纹棕红色；耳及脸颊有黑色月牙斑；髭纹处有少量黑色斑点；喉红色；翼上覆羽褐色；胸腹白色，具红色斑点；尾羽红棕色。雌鸟：喉部色较雄鸟淡，上体无棕色斑点；尾羽颜色较深。跗跖及趾褐色。

【生活习性】 栖息于林地、农田、林缘地带等较开阔环境。

（左上图 赵学迅；右上图 刘德山；下图 段海生）

斑鸫

英文名	拉丁名	居留型	保护级别	IUCN
Dusky Thrush	*Turdus eunomus*	冬	三有	LC

【形态特征】 体型略小（19～24 cm），整体黑白色。雄鸟：喙上黑下黄；头顶黑色；具白色眉纹；耳羽黑色，具细黑髭纹；喉白色；背部黑色与翅上棕色对比显著；下腹部黑色而具白色鳞状斑纹。雌鸟：头顶褐色；背部偏棕色；斑纹同雄鸟。跗跖及趾褐色。

【生活习性】 栖息于开阔的草地及田野，常于地面觅食，冬季成大群。

（左上图雄 刘德山；右上图雌 段海生；下图雌 段海生）

宝兴歌鸫

英文名	拉丁名	居留型	保护级别	IUCN
Chinese Thrush	*Turdus mupinensis*	冬、旅	三有	LC

【形态特征】 体型中等（20 ～ 24 cm），整体褐色。喙污黄色；虹膜褐色；眼先白色，具细的眉纹；眼下及耳羽各有一道黑色竖纹；髭纹由黑色斑点组成；头、颈、背褐色；两翼各有两道白色翼斑；飞行时可见其腋下羽毛红褐色；胸腹部皮黄色并具黑色斑点。跗跖及趾暗黄色。

【生活习性】 栖息于山林地带，尤其是林下灌丛丰富的区域。

（左上图 段海生；右上图 刘德山；下图 段海生）

鹊鸲

英文名	拉丁名	居留型	保护级别	IUCN
Oriental Magpie-Robin	*Copsychus saularis*	留	三有	LC

【形态特征】 体型中等（19～22 cm），整体黑白色。雄鸟：喙黑色；头、胸及背辉蓝黑色；腹及臀白色；两翼及中央尾羽黑色，外侧尾羽及覆羽上的条纹白色。雌鸟：暗灰色取代黑色。跗跖及趾灰黑色。

【生活习性】 常单独或成对活动于城市和村落，活泼而胆大，多在地面取食，休息时常翘尾。

（左上图雄 吴春红；右上图雌 吴春红；下图雄 吴春红）

灰纹鹟

英文名	拉丁名	居留型	保护级别	IUCN
Grey-streaked Flycatcher	*Muscicapa griseisticta*	旅	三有	LC

【形态特征】 体型略小（13～15 cm），整体灰色。喙黑色；眼先深色；虹膜褐色；有白色眼圈；脸颊到喉间隔分布着数条白色条纹和由黑色斑点组成的条纹；胸腹部有深灰褐色斑点组成的纵纹；翼尖超过尾羽1/2的位置。跗跖及趾黑色。

【生活习性】 分布于东部地区，栖息于林地，东北地区有繁殖群体。

（左上图 段海生；右上图 喻晓安；下图 段海生）

乌鹟

英文名	拉丁名	居留型	保护级别	IUCN
Dark-sided Flycatcher	*Muscicapa sibirica*	旅	三有	LC

【形态特征】 体型略小（12～14 cm），整体灰褐色。喙黑色；虹膜深褐色；有白色眼圈；头、颈深灰色，头顶有纵纹；颊纹和髭纹白色；胸及两胁有烟灰色斑纹，腹部白色；两翼深灰色；大覆羽边缘白色，三级飞羽有白色边缘；尾羽有不明显的白色边缘。跗跖及趾黑色。

【生活习性】 栖息于低海拔的山林地带，常在树木的横枝停留。

（左上图　喻晓安；右上图　段海生；下图　刘德山）

北灰鹟

英文名	拉丁名	居留型	保护级别	IUCN
Asian Brown Flycatcher	*Muscicapa dauurica*	旅	三有	LC

【形态特征】 体型小（12～14 cm），整体灰褐色。喙较大，下喙基部黄色；头灰褐色；眼圈白色；眼先色浅；胸侧及两胁褐灰色，有少量斑纹；翼尖收拢不到尾部的一半。跗跖及趾黑色。

【生活习性】 常单独活动，在林中层和树冠层活动，在栖息处附近捕食昆虫，回至栖息处后尾作独特的颤动。

（左上图 刘德山；右上图 段海生；下图 刘德山）

褐胸鹟

英文名	拉丁名	居留型	保护级别	IUCN
Brown-breasted Flycatcher	*Muscicapa muttui*	夏	三有	LC

【形态特征】 体型略小（12 ～ 14 cm），整体褐色。喙较粗长，下喙基黄色，其余黑色；虹膜深褐色；眼先及眼圈相连，白色；颊纹白色；髭纹灰褐色；喉白色；有褐色宽胸带；两胁淡褐色；上体灰褐色；翼上羽毛黑色，有棕色边缘；腹部及尾下覆羽白色。跗跖及趾暗黄色。

【生活习性】 栖息于中低海拔山林地带，在林缘地带和灌丛活动。性胆怯，常躲避，可长时间呆立不动。

（左上图 喻晓安；右上图 喻晓安；下图 陶旭东）

白喉林鹟

英文名	拉丁名	居留型	保护级别	IUCN
Brown–chested Jungle Flycatcher	*Cyornis brunneatus*	夏	国家二级	VU

【形态特征】 体型中等（约 15 cm）。上喙近黑色，下喙黄色；虹膜褐色；额、顶、两颊、颈、肩、背到尾羽褐色；有明显的白色过眼纹；喉部白色，有深色斑纹；胸部有一条褐色带，下体白色。跗跖及趾粉红色。

【生活习性】 栖息于林缘下层、茂密的竹林及灌丛，可分布于海拔 1100 m 的山地。

（左上图 王晓谦；右上图 王晓谦；下图 王晓谦）

棕腹大仙鹟

英文名	拉丁名	居留型	保护级别	IUCN
Fujian Niltava	*Niltava davidi*	夏	国家二级	LC

【形态特征】 体型略大（16～19 cm），雌雄异色。喙黑色，虹膜褐色。雄鸟：头顶到上体亮蓝色；眼先、眼圈、脸颊到喉部黑色；颈侧有亮辉蓝色横斑；双翅羽毛亮蓝色，有辉蓝色斑；胸腹部橙红色；尾羽蓝色，有黑色边缘；尾下覆羽前部分橙红色，后部分白色。雌鸟：身体褐色；喉部具白色斑；颈侧有亮辉蓝色横斑；胸部有褐色胸带；腹部和尾下覆羽白色。跗跖及趾黑色。

【生活习性】 栖息于中低海拔的山林地带，在林中层或树冠层活动。

（左上图雌 刘德山；右上图雄 刘德山；下图雄 刘德山）

白腹蓝鹟

英文名	拉丁名	居留型	保护级别	IUCN
Blue-and-white Flycatcher	*Cyanoptila cyanomelana*	旅	三有	LC

【形态特征】 体型略大（14 ～ 17 cm），雌雄异色。喙黑色，虹膜褐色。雄鸟：颊、喉及上胸深蓝色；头顶、肩、背、翼上羽毛钴蓝色；下胸、腹部、尾下覆羽白色；尾羽蓝黑色，外侧尾羽基部白色。雌鸟：有浅的眉纹；颊、喉灰色；上体和两翼羽毛褐色；尾羽红色并有黑色边缘；两胁沾褐色。跗跖及趾黑色。

【生活习性】 栖息于山林地带，在林中层活动，会在电线上停留。

（左上图雄 段海生；右上图雌 喻晓安；下图雄幼、雌 刘德山）

铜蓝鹟

英文名	拉丁名	居留型	保护级别	IUCN
Verditer Flycatcher	*Eumyias thalassinus*	留	三有	LC

【形态特征】 体型略大（13 ～ 16 cm），整体蓝色。雄鸟：喙黑色；虹膜褐色；眼先黑色；尾下覆羽均具偏白色鳞状斑纹，其他部分铜蓝色。雌鸟：眼先灰色；下体羽色较雄鸟略浅。亚成鸟：灰褐沾绿色，具皮黄色及近黑色的鳞状斑纹及点斑。跗跖及趾黑色。

【生活习性】 单独或成对活动于开阔森林或林缘空地，在林冠层活动，空中飞行捕食。

（左上图雄 王晓谦；右上图幼鸟 段海生；下图雄 刘德山）

红尾歌鸲

英文名	拉丁名	居留型	保护级别	IUCN
Rufous-tailed Robin	*Larvivora sibilans*	旅	三有	LC

【形态特征】 体型小（13～15 cm），整体棕色。头及背部淡棕色；两翼色略深；胸部具淡褐色鳞状纹；腰及尾棕红色。跗跖及趾粉褐色。

【生活习性】 单独或成对活动于林缘灌丛下，地栖性，善于在地面快速奔走，不时上下抖尾，较隐蔽。

（左上图 喻晓安；右上图 喻晓安；下图 喻晓安）

蓝喉歌鸲

英文名	拉丁名	居留型	保护级别	IUCN
Bluethroat	*Luscinia svecica*	旅	国家二级	LC

【形态特征】　体型中等（14～16 cm），雌雄相近。喙深褐色；虹膜深褐色；眉纹白色，颊纹白色；头顶及上体褐色；中央两根尾羽褐色，其余尾羽棕色，端部褐色；下体白色；两胁沾褐色。雌鸟：喉部白色，髭纹褐色。雄鸟：具蓝色髭纹，与蓝色胸带相连；喉白色，喉下及上胸部有棕色带。跗跖及趾褐黄色。

【生活习性】　喜在灌丛、高草环境活动，有点扭尾羽或者开展尾羽的行为。

（左上图雄　王晓谦；右上图雄　喻晓安；下图雄　刘德山）

红喉歌鸲

英文名	拉丁名	居留型	保护级别	IUCN
Siberian Rubythroat	*Calliope calliope*	旅	国家二级	LC

【形态特征】 体型中等（14～16 cm），雌雄相近。喙深褐色；虹膜褐色；头顶、脸颊、颈、肩、背、胸、两翼到尾羽为褐色；有明显的白色眉纹和白色颊纹；雄鸟髭纹蓝色，两侧髭纹下端向中间延伸并连接，喉红色；雌鸟髭纹褐色，喉浅橙色，且面积较小；雄鸟腹部白色，两胁褐色；雌鸟下体褐色。跗跖及趾粉褐色。

【生活习性】 喜近水的林缘灌丛。俗称红点颏，常被捕捉作为笼养鸟。

（左上图雌 王晓谦；右上图雄 王晓谦；下图雄 王晓谦）

白尾蓝地鸲

英文名	拉丁名	居留型	保护级别	IUCN
White-tailed Robin	*Myiomela leucura*	留	三有	LC

【形态特征】 体型较大（15～18 cm），雌雄异色。喙黑色；虹膜褐色。雄鸟：体色为深蓝色，尤其头顶和肩羽为亮蓝色。雌鸟体色为褐色。雌雄鸟外侧尾羽基部为白色。跗跖及趾黑色。

【生活习性】 性羞怯，主要在地面或林下灌丛活动，常将尾羽张开，以昆虫为食。

（左上图雌 郝江；右上图雌 郝江；下图雄 郝江）

红胁蓝尾鸲

英文名	拉丁名	居留型	保护级别	IUCN
Orange-flanked Bush-robin	*Tarsiger cyanurus*	冬、旅	三有	LC

【形态特征】 体型略小（12 ～ 14 cm），雌雄异色。雄鸟：喙黑色；虹膜褐色；头蓝色；眉纹白色；喉白色；上体及尾亮蓝色；飞羽沾褐色；两胁橙红色。雌鸟：背及两翼褐色；喉褐色并具白色中线；两胁橘黄色；尾蓝色。跗跖及趾灰黑色。

【生活习性】 常单独或成对活动于各种次生林、灌丛，偏地栖性，善于在地面奔走和取食。

（左上图雌 吴春红；右上图雄 吴春红；下图雄 吴春红）

小燕尾

英文名	拉丁名	居留型	保护级别	IUCN
Little Forktail	*Enicurus scouleri*	留	三有	LC

【形态特征】　体型小（13 cm），整体黑白色。喙黑色；虹膜褐色；前额羽毛白色，头、肩、颈羽毛黑色，下体、腰腹白色　两翼羽毛黑色，上有白色条带延至下部；尾羽短，浅叉状，外侧尾羽白色，内侧尾羽黑色。跗跖及趾粉白色。

【生活习性】　栖息于林中多岩石的湍急溪流，尤其是瀑布周围，尾可有节律地上下摇摆或扇开。

（左上图　魏斌；右上图　魏斌；下图　刘德山）

白额燕尾

英文名	拉丁名	居留型	保护级别	IUCN
White-crowned Forktail	*Enicurus leschenaulti*	留	三有	LC

【形态特征】 体型中等（25～28 cm），整体黑白色。喙黑色；虹膜褐色；前额有大块白色羽毛，有时耸起成凤头状；头部其他部分、颈、上背、胸部黑色；腹部、腰、尾下覆羽白色；两翼羽毛黑色且有白色条状翼斑，内侧尾羽长，黑色，羽端白色；外侧尾羽白色，张开时尾叉甚长。跗跖及趾为极浅的粉色。

【生活习性】 活动于海拔 1200 m 以下、多石的小溪、河沟，在溪沟边的灌丛等隐蔽处繁殖。

（左上图 刘德山；右上图 喻晓安；下图 段海生）

紫啸鸫

英文名	拉丁名	居留型	保护级别	IUCN
Blue Whistling Thrush	*Myophonus caeruleus*	留	三有	LC

【形态特征】 体型大（29～35 cm），整体黑色。喙褐色；虹膜褐色；通体蓝紫色且发黑，仅翼覆羽具少量浅色点斑；翼及尾沾紫色闪辉；头及颈部的羽尖具闪光小羽片。跗跖及趾黑色。

【生活习性】 在丘陵及山地的矮林、灌丛繁殖，喜水，溪流、河谷常见，冬季会到低海拔地区越冬。

（左上图 吴春红；右上图 刘德山；下图 郝江）

白眉姬鹟

英文名	拉丁名	居留型	保护级别	IUCN
Yellow–rumped Flycatcher	*Ficedula zanthopygia*	夏	三有	LC

【形态特征】 体型小（12～14 cm），雌雄异色。雄鸟：喙黑色；头黑色；眉纹白色；背及翼黑色，具白色翼斑；腰、喉、胸及上腹黄色；下腹、尾下覆羽白色；尾黑色。雌鸟：头及背部暗褐绿色；喉、胸及腹部污黄色，翅上有白斑；腰暗黄色。跗跖及趾灰黑色。

【生活习性】 喜灌丛及近水林地，单独或成对活动，在林冠层和中层活动，飞行捕食。

（左上图雄 段海生；右上图雌 刘德山；下图雌雄 郝江）

绿背姬鹟

英文名	拉丁名	居留型	保护级别	IUCN
Green-backed Flycatcher	*Ficedula elisae*	旅	三有	LC

【形态特征】 体型小（12 ～ 14 cm），雌雄相近。喙黑色；虹膜褐色；头顶、肩、背绿色。雄鸟：有黄绿色眉纹；翼上有白色粗翼斑；飞羽黑色；喉、胸、腹、腰、尾部覆羽黄色；尾羽黑色。雌鸟：体色较暗淡；眼先黄色；头、颈、肩、背、腰部绿色；飞羽深灰色，有浅色羽缘；喉、胸、腹、尾下覆羽黄绿色。跗跖及趾铅蓝色。

【生活习性】 栖息于海拔 1200 ～ 2500 m 的山林，在树林中层觅食，常单独或成对活动。

（左上图 喻晓安；右上图 喻晓安；下图 赵学迅）

鸲姬鹟

英文名	拉丁名	居留型	保护级别	IUCN
Mugimaki Flycatcher	*Ficedula mugimaki*	旅	三有	LC

【形态特征】 体型略小（12 ～ 14 cm），雌雄异色。喙深灰色；虹膜褐色。雄鸟：头顶整体黑色；眼后短耳羽白色；喉、胸、两胁橙红色；两翼黑色，大覆羽白色；次级飞羽及三级飞羽有白色边缘；尾羽白色，外侧尾羽根部有白色斑点；腹部及尾下覆羽白色。雌鸟：上体及腰褐色；下体似雄鸟但色淡，尾无白色。跗跖及趾褐色。

【生活习性】 栖息于海拔 1000 m 以下的山林和平原地区的林地，常单独或成对活动，迁徙时会集小群。

（左上图雌 傅伟；右上图雌 喻晓安；下图雄 刘德山）

红喉姬鹟

英文名	拉丁名	居留型	保护级别	IUCN
Taiga Flycatcher	*Ficedula albicilla*	旅	三有	LC

【形态特征】 体型小（11～13 cm），雌雄异色。喙黑色，下喙基部肉色；虹膜深褐色，有不明显的白色眼圈。雄鸟：头顶、肩、背及两翼覆羽褐色；脸颊连通胸侧蓝灰色；喉及上胸红色；尾上覆羽和尾羽黑色，外侧尾羽根部有白色斑；腹部及尾下覆羽白色。雌鸟：暗褐色；喉部无红色，胸近白色沾红褐色。跗跖及趾黑色。

【生活习性】 繁殖于海拔 1800 m 以下的山林，迁徙和越冬时会到平原地带。

（左上图雄 刘德山；右上图雌 刘德山；下图雌 王晓谦）

北红尾鸲

英文名	拉丁名	居留型	保护级别	IUCN
Daurian Redstart	*Phoenicurus auroreus*	留、冬	三有	LC

【形态特征】 体型略小（13 ～ 15 cm），雌雄异色。雄鸟：头顶灰白色；喙黑色；喉黑色；背黑色；两翼褐黑色；翼斑白色；体羽其他部分栗褐色；中央尾羽深黑褐色。雌鸟：整体褐色，白色翼斑显著，腰及尾两侧栗褐色。跗跖及趾黑色。

【生活习性】 单独或成对活动于多种生境，有垂直迁徙习性，常立于凸出的栖处，不停地点头抖尾。

（左上图雄 段海生；右上图雌 喻晓安；下图雄 段海生）

蓝额红尾鸲

英文名	拉丁名	居留型	保护级别	IUCN
Blue-fronted Redstart	*Phoenicurus frontalis*	留	三有	LC

【形态特征】 体型中等（15～16 cm），雌雄异色。喙黑色；虹膜褐色；雌雄鸟的中央尾羽黑色，两侧棕色，具黑色羽端，使其尾羽看似呈黑色的倒"T"形。雄鸟：额及极短的眉纹钴蓝色；头、肩、背、胸部为灰蓝色；两翼黑褐色，羽缘褐色及黄色；下胸、腹、尾上覆羽为橙色。雌鸟：整体褐色，眼圈皮黄色。跗跖及趾黑色。

【生活习性】 在海拔 3000～5000 m 的高山、亚高山林地繁殖，并在林缘、草地觅食，冬季则会到低海拔地区的丘陵林地或山林越冬。

（左上图雄 王晓谦；右上图雄 郝江；下图雄 郝江）

红尾水鸲

英文名	拉丁名	居留型	保护级别	IUCN
Plumbeous Water Redstart	*Phoenicurus fuliginosus*	留	三有	LC

【形态特征】 体型小（12～13 cm），雌雄异色。雄鸟：喙黑色，虹膜深褐色；腰、臀及尾赭红色，其余部位暗灰蓝色。雌鸟：上体灰色；眼圈色浅；下体白色，灰色羽缘成鳞状斑纹；臀、腰及外侧尾羽基部白色，尾其余部位黑色；两翼黑色，具两道白色翼斑。幼鸟灰色，上体具白色点斑。跗跖及趾灰褐色。

【生活习性】 单独或成对活动于山地溪流，尾常上下摆动，间或散成扇形。领域性强 被干扰后贴水面飞行，边飞边叫。

（左上图雌 吴春红；右上图雄 吴春红；下图雄 吴春红）

白顶溪鸲

英文名	拉丁名	居留型	保护级别	IUCN
White-capped Water Redstart	*Phoenicurus leucocephalus*	留	三有	LC

【**形态特征**】 体型略大（18～19 cm），整体黑色及栗色。喙黑色；头顶白色；腰、尾基部及腹部栗色；其余羽色为黑色；尾羽末端黑色。亚成鸟色暗而近褐色，头顶具黑色鳞状斑纹。跗跖及趾黑色。

【**生活习性**】 有垂直迁徙的习性，常立于水中或近水的凸出岩石上，降落时不停地点头抖尾，捕食水面无脊椎动物。

（左上图 段海生；右上图 喻晓安；下图 段海生）

栗腹矶鸫

英文名	拉丁名	居留型	保护级别	IUCN
Chestnut-bellied Rock Thrush	*Monticola rufiventris*	留	三有	LC

【形态特征】 体型较大（21 ～ 23 cm），雌雄异色。喙黑色；虹膜深褐色。雄鸟：头顶为亮蓝色；眼先和耳羽为较深的蓝黑色并延伸到肩部；喉胸分界明显，胸腹部到尾下覆羽栗红色；头颈上体到尾羽蓝色。雌鸟：全身呈明显的褐色；耳羽处有明显的白色月牙斑；下体色较上体浅，有黑褐色的鳞状斑纹。跗跖及趾黑褐色。

【生活习性】 常见于海拔 1000 ～ 3000 m 的高山森林，冬季常到较低海拔的山坡越冬。

（左上图雄 郝江；右上图雄 郝江；下图雄 郝江）

白喉矶鸫

英文名	拉丁名	居留型	保护级别	IUCN
White-throated Rock Thrush	*Monticola gularis*	旅	三有	LC

【形态特征】 体型小（17～19 cm），雌雄异色。喙近黑色；虹膜褐色。雄鸟：头顶、颈背有亮蓝色；过眼纹黑色；喉白色；颈、胸、腹、腰、尾上覆羽到尾下覆羽红色；翼上羽毛黑色，有金色边缘；初级覆羽有亮蓝色斑纹；三级飞羽有白色斑纹。雌鸟：颊纹浅褐色，髭纹黑色；上体羽毛褐色，有黑色鳞斑；胸腹部白色，有黑褐色鳞斑。跗跖及趾暗黄色。

【生活习性】 栖息于低山林地，尤其喜欢在湿润多水的石坡、石崖繁殖。

（左上图雌 刘德山；右上图雌 刘德山；下图雄 刘德山）

东亚石䳭

英文名	拉丁名	居留型	保护级别	IUCN
Stejneger's Stonechat	*Saxicola stejnegeri*	旅		LC

【形态特征】 体型略小（12～15 cm），整体黑白色及褐色。雄鸟：头部黑色；喙黑色；背深褐色；颈及翼上具粗大的白斑；腰白色；胸棕色。雌鸟：整体棕褐色，下体皮黄色；翼上具白斑。跗跖及趾近黑色。

【生活习性】 喜开阔的栖息生境，如农田、草地及次生灌丛，常静立于灌丛顶端，跃下地面捕食猎物。

（左上图雌 刘德山；右上图雄 段海生；下图雄 刘德山）

灰林䳭

英文名	拉丁名	居留型	保护级别	IUCN
Grey Bushchat	*Saxicola ferreus*	留	三有	LC

【形态特征】 体型略小（14～15 cm），整体灰色。雄鸟：头顶灰色；喙深灰色；眉纹白色，较长；眼罩黑色；颏及喉白色；烟灰色胸带延伸至两胁；腹部灰白色；背部及两翼灰色斑驳；翼及尾黑色。雌鸟：褐色取代灰色；腰栗褐色。幼鸟似雌鸟，但下体褐色并具鳞状斑纹。跗跖及趾黑色。

【生活习性】 喜开阔灌丛及耕地，可在同一地点长时间停栖，尾摆动，在地面或飞行中捕捉昆虫。

（左上图雌 吴春红；右上图雄 吴春红；下图雄 吴春红）

小太平鸟

英文名	拉丁名	居留型	保护级别	IUCN
Japanese Waxwing	*Bombycilla japonica*	冬	三有	NT

【形态特征】 体型略小（18～20 cm），雌雄近色。喙近黑色；虹膜褐色；脑后有明显的顶冠；两侧黑色的过眼纹向前连接黑色眼先和上喙基部，在额前相连接，向后延伸到顶冠在脑后相连；前额、脸颊橙色；体色整体呈褐色；翼上大覆羽有红色斑点连成的翼斑；飞羽和大覆羽黑色，飞羽基部有白色翼斑，次级飞羽有红色顶端；臀羽红色；尾羽顶端红色。跗跖及趾褐色。

【生活习性】 栖息于森林，尤其喜欢针叶林。常集群，在树上活动，进食松柏的种子或各种浆果。

（左上图 王晓谦；右上图 喻晓安；下图 傅伟）

红胸啄花鸟

英文名	拉丁名	居留型	保护级别	IUCN
Fire-breasted Flowerpecker	*Dicaeum ignipectus*	留	三有	LC

【形态特征】　体型小（7～9 cm），雌雄异色。喙黑色；虹膜褐色。雄鸟：自头顶到尾上覆羽为闪闪发光的蓝绿色；喉部到胸部有大块的猩红色斑块；胸部中央有黑色纵纹；胸侧、腹部到尾下覆羽皮黄色；尾羽黑色。雌鸟：体色为灰暗的橄榄绿色；眼先有白色点，下体黄褐色。跗跖及趾黑色。

【生活习性】　常见于海拔 800～2200 m 的山林，在开花植物或寄生植物上觅食，常在树冠层等上层空间活动。

（左上图幼 段海生；右上图雄 王晓谦；下图雄 余欣然）

蓝喉太阳鸟

英文名	拉丁名	居留型	保护级别	IUCN
Mrs. Gould's Sunbird	*Aethopyga gouldiae*	留	三有	LC

【形态特征】 体型略大（14～15 cm），雌雄异色。雄鸟：喙细长，黑色；虹膜褐色；头顶及颈侧具辉蓝色羽毛；脸红色；喉部蓝色，具金属光泽；背及胸鲜红色；腹和臀黄色；尾羽较长，蓝色。雌鸟：头灰绿色；背橄榄色；颏及喉烟橄榄色；下体淡黄色；腰浅黄色。跗跖及趾褐色。

【生活习性】 有垂直迁徙习性，单独或成对活动于多种林地及果园。

（左上图雌 喻晓安；右上图雌 段海生；下图雄 郝江）

叉尾太阳鸟

英文名	拉丁名	居留型	保护级别	IUCN
Fork-tailed Sunbird	*Aethopyga christinae*	留	三有	LC

【形态特征】　体型小（9～11 cm），雌雄异色。喙黑色；虹膜褐色。雄鸟：头顶至后颈羽毛为闪油亮的金属绿色；前额、眼先、脸颊、髭纹黑色，髭纹向下形成泪滴状纵向条纹；喉、颈侧到前胸红色；胸、腹到尾下覆羽浅黄色；上体橄榄色或近黑色；腰黄色；尾上覆羽及中央尾羽为闪辉金属绿色，中央两尾羽有尖细的延长，外侧尾羽黑色而端白。雌鸟：上体橄榄色，下体浅绿黄色。跗跖及趾黑色。

【生活习性】　活动于海拔 1400 m 以下的山林，在林缘常见，喜靠近村庄等人居环境。有啄花行为，用长舌取食花蜜。

（左上图雄 郝江；右上图雌 王强；下图雄 郝江）

白腰文鸟

英文名	拉丁名	居留型	保护级别	IUCN
White-rumped Munia	*Lonchura striata*	留	三有	LC

【形态特征】 体型中等（10～12 cm），整体褐色。喙灰色；虹膜褐色；眼先到喉部有深色区域；耳廓浅褐色；喉部、背部、肩部羽毛有浅色羽干形成的浅色纵纹；飞羽深褐色；胸腹到腰部白色；尾上覆羽、尾下覆羽、臀羽褐色，有浅色斑纹；尾羽深褐色，短而尖。跗跖及趾灰色。

【生活习性】 活动于林缘、灌丛、高草丛，环境适应力强，可见于山林、丘陵、湿地、村庄等。喜集群，尤其是夜栖时可集成百余只的群体。

（左上图 段海生；右上图 刘德山；下图 刘德山）

斑文鸟

英文名	拉丁名	居留型	保护级别	IUCN
Scaly-breasted Munia	*Lonchura punctulata*	留	三有	LC

【形态特征】 体型中等（10～12 cm），整体褐色。喙蓝灰色；虹膜红褐色；头部栗棕色；上体褐色；喉部以下到尾下覆羽灰白色，羽毛有棕色边缘，形成鱼鳞状斑纹；尾羽短，褐色。跗跖及趾灰色。

【生活习性】 活动于低海拔的山林、灌丛，适应力强，喜湿地。喜集群，常十余只、数十只一起活动。

（左上图　段海生；右上图　段海生；下图　刘德山）

山麻雀

英文名	拉丁名	居留型	保护级别	IUCN
Russet Sparrow	*Passer cinnamomeus*	留	三有	LC

【形态特征】 体型中等（11～14 cm），雌雄异色。雄鸟：喙黑色；头顶至背部栗色；具黑色、短的过眼纹；颊白色；喉黑色；下体白色。雌鸟：喙黄而端黑；头顶浅棕色；眉纹皮黄色；过眼纹棕色；喉至腹部白色；背部棕色。跗跖及趾粉褐色。

【生活习性】 活动于中低海拔山地丘陵，集小群于地面觅食。

（左上图雌 吴春红；右上图雄 吴春红；下图雌雄 彭建林）

麻雀

英文名	拉丁名	居留型	保护级别	IUCN
Eurasian Tree Sparrow	*Passer montanus*	留	三有	LC

【形态特征】 体型中等（12～15 cm），整体棕色。喙黑色；头顶棕褐色；颊部有黑斑；颏及喉黑色；具白色颈环；背及两翼近褐色；胸腹部皮黄灰色。幼鸟似成鸟，但色较暗淡，喙基黄色。跗跖及趾粉褐色。

【生活习性】 集群活动于各种人类环境，吵闹，杂食。

（左上图 吴春红；右上图 吴春红；下图 吴春红）

山鹡鸰

英文名	拉丁名	居留型	保护级别	IUCN
Forest Wagtail	*Dendronanthus indicus*	夏、旅	三有	LC

【形态特征】 体型中等（16～18 cm），雌雄同色。喙褐色；虹膜灰色；额、头顶到肩背褐色；有白色眉纹和黑色过眼纹；眼下有浅色斑纹；喉白色；胸口有两道黑色夹白色的胸纹，第二道黑纹有时不完整；翼上小覆羽褐色，中覆羽白色，大覆羽黑色；飞羽有黑白色条状斑纹，飞行时似有两道黑白条纹；腹部白色。跗跖及趾偏粉红色。

【生活习性】 喜山区、丘陵环境，树栖性强。常在树枝、屋顶上行走，停留时会左右摆动尾羽。

（左上图 王晓谦；右上图 段海生；下图 段海生）

树鹨

英文名	拉丁名	居留型	保护级别	IUCN
Olive-backed Pipit	*Anthus hodgsoni*	冬、旅	三有	LC

【形态特征】 体型中等（15～17 cm），整体橄榄色。喙角质色；虹膜褐色；头顶橄榄色；具粗显的白色或皮黄色眉纹。喉及两胁皮黄色；胸及两胁黑色纵纹浓密；背部及两翼橄榄色，具纵纹。跗跖及趾肉粉色。

【生活习性】 集小群栖息于有林生境，地面行走觅食，受惊扰后飞到树上隐蔽。

（左上图 段海生；右上图 段海生；下图 段海生）

红喉鹨

英文名	拉丁名	居留型	保护级别	IUCN
Red–throated Pipit	*Anthus cervinus*	冬、旅	三有	LC

【形态特征】　体型中等（14～15 cm），雌雄近色。上喙灰黑色，下喙黄褐色；虹膜褐色；头顶褐色，有黑色斑点组成的细纹；繁殖羽自眉纹到颊、喉及胸部为栗红色，雌鸟红色较雄鸟浅；非繁殖羽眉纹灰白色，褐色过眼纹和黑褐色颊纹相连；下颊纹灰白色；髭纹黑色；背部羽毛褐色，有皮黄色、黑色组成的纵向纹理；翼上小覆羽黑色，有褐色羽缘；中覆羽黑色，有白色羽缘；大覆羽黑色，有褐色羽缘和白色端部；飞羽黑色，有褐色羽缘；胸腹部繁殖羽白色略带粉色，有粗重的黑色纵纹，非繁殖羽白色，有黑色的粗大斑纹；尾下覆羽灰白色。跗跖及趾肉色。

【生活习性】　栖息于平原湿地、池塘、河流等环境。

（左上图非繁殖羽　王晓谦；右上图繁殖羽　刘德山；下图繁殖羽　刘德山）

黄腹鹨

英文名	拉丁名	居留型	保护级别	IUCN
Buff-bellied Pipit	*Anthus rubescens*	冬、旅	三有	LC

【形态特征】 体型中等（14～17 cm），整体灰褐色。喙灰黑色，下喙偏粉色；虹膜褐色。繁殖羽：前额、头顶、颈、背为亮粉灰褐色；眉纹粗，皮黄色；眼先不黑；颊纹黑色，下颊纹皮黄色，髭纹灰褐色；喉皮黄色；胸腹部褐黄色，有数道黑色粗纹组成的条纹；翼上覆羽粉灰褐色，有数道黑色条纹；飞羽黑色，有白色羽缘；尾羽黑色，外侧尾羽有白色羽缘。非繁殖羽：颈侧有明显三角形黑斑；背部羽毛灰褐色，无明显纵纹；胸、上腹白色，且有密集的黑色粗纵纹。跗跖及趾肉褐色。

【生活习性】 繁殖于海拔 2400 m 以下多石的高山和亚高山苔原，在平原湿地环境越冬。常成群活动，在地面疾走觅食，尾羽会上下摆动。

（左上图 王晓谦；右上图 王晓谦；下图 段海生）

水鹨

英文名	拉丁名	居留型	保护级别	IUCN
Water Pipit	*Anthus spinoletta*	冬、旅	三有	LC

【形态特征】 体型中等（15～17.5 cm），整体浅褐色。喙黑色；虹膜褐色。繁殖羽：前额、头顶、脸颊和颈棕灰色；有米白色粗眉纹，眼圈不明显，眼先不黑；喉至下体浅棕黄色。非繁殖羽：颈侧形成一块三角形黑斑；胸、胁部有黑色较稀疏的纵纹；背部羽毛浅褐色，有黑色羽轴，形成不明显的纹理；中覆羽、大覆羽及飞羽黑色，有浅色羽缘。跗跖及趾黑褐色至肉褐色。

【生活习性】 繁殖于高山多石草地。在湖泊或河流等湿地边越冬。喜单独活动，在水边疾走觅食，尾羽会上下摆动。

（左上图 刘德山；右上图 喻晓安；下图 喻晓安）

田鹨

英文名	拉丁名	居留型	保护级别	IUCN
Richard's Pipit	*Anthus richardi*	旅	三有	LC

【形态特征】 体型略大（17 ～ 18 cm），整体灰褐色。喙较长且粗壮，上喙褐色，下喙带黄色；虹膜褐色；顶冠纹褐色，侧冠纹黑色；眉纹白色，眼圈白色，眼线和耳羽部分褐色，耳羽色较浅；颊纹白色末端上挑和眉纹构成环形，髭纹由深褐色斑点组成，喉白色；飞羽黑色，有褐色边缘；尾羽较长，根部以中间为界靠近根部为褐色，靠近尖端为黑色。跗跖及趾黄褐色，后趾的爪明显长且平直。

【生活习性】 栖息于草地、农田等开阔地，也喜欢水边草地，站立时十分挺拔。

（左上图 魏斌；右上图 魏斌；下图 段海生）

黄鹡鸰

英文名	拉丁名	居留型	保护级别	IUCN
Eastern Yellow Wagtail	*Motacilla tschutschensis*	旅	三有	LC

【形态特征】 体型中等（16～18 cm），整体褐色或橄榄色。喙褐色；虹膜褐色；具有明显的眉纹；背橄榄绿色或橄榄褐色；尾较短，飞行时无白色翼纹或黄色腰。亚种各异。跗跖及趾褐色至黑色。

【生活习性】 喜稻田、沼泽边缘及草地，有抖尾习惯，但是幅度不大，飞行的波浪幅度较小。

（左上图雌 吴春红；右上图雄 吴春红；下图雄 吴春红）

灰鹡鸰

英文名	拉丁名	居留型	保护级别	IUCN
Gray Wagtail	*Motacilla cinerea*	留	三有	LC

【形态特征】 体型中等（16～18 cm），雌雄相近。喙黑褐色；虹膜褐色；前额到头顶到肩背灰色；眉纹白色；雄鸟的过眼纹灰色，颊纹白色；雌鸟过眼纹以下至整个喉部白色；飞羽黑色，有白色羽缘；两胁灰色；胸腹部黄色；尾上覆羽和尾下覆羽黄色；尾羽黑色，外侧尾羽有黄色羽缘。跗跖及趾粉红色。

【生活习性】 繁殖期喜活动于水边树林，尤其是溪流边。

（左上图 王晓谦；右上图 喻晓安；下图 刘德山）

黄头鹡鸰

英文名	拉丁名	居留型	保护级别	IUCN
Citrine Wagtail	*Motacilla citreola*	旅	三有	LC

【形态特征】 体型中等（16～20 cm），雌雄异色。喙黑色；虹膜深褐色。雄鸟：头、喉、胸、腹到尾下覆羽为艳丽的黄色；后枕到颈部黑色；背部及两翼灰色；飞羽有白色羽缘；尾羽黑色，外侧尾羽有白色羽缘。雌鸟：眉纹黄色，并向颈部延伸；脸颊灰色；颊纹黄色；髭纹灰色；胸部有灰色带和髭纹及灰色耳羽连接；胸腹部多有灰色斑纹；尾下覆羽白色。跗跖及趾近黑色。

【生活习性】 喜山区溪流或河谷环境，也会在湖泊活动。

（左上图 彭建林；右上图 彭建林；下图 彭建林）

白鹡鸰

英文名	拉丁名	居留型	保护级别	IUCN
White Wagtail	*Motacilla alba*	留	三有	LC

【形态特征】 体型中等（17～20 cm），整体黑色、灰色及白色。喙黑色；虹膜褐色；体羽上体灰色，下体白色；两翼及尾黑白相间；冬季头后、颈背及胸具黑色斑纹但不如繁殖羽扩展；黑色的多少随亚种而异。亚成鸟灰色取代成鸟的黑色。跗跖及趾黑色。

【生活习性】 较喜欢有水生境，有上下抖尾习性，飞行时呈波浪状。

（左上图 吴春红；右上图 吴春红；下图 吴春红）

燕雀

英文名	拉丁名	居留型	保护级别	IUCN
Brambling	*Fringilla montifringilla*	冬	三有	LC

【形态特征】 体型中等（13～16 cm），雌雄相近。喙黄色，喙尖黑色；虹膜褐色；胸、两胁棕色；腰部白色。雄鸟：头及颈背黑色；背近黑色；腹部和尾下覆羽白色；两翼黑色，覆羽有棕色斑及醒目的白色肩部条纹；初级飞羽基部具白色点斑；尾叉形，黑色。雌鸟：头部为褐色、灰色及近黑色。跗跖及趾灰褐色。

【生活习性】 栖息于中低海拔林缘地带或有树的开阔地带，越冬季喜集群活动。

（左上图雌 段海生；右上图雌 王晓谦；下图雄 刘德山）

黑尾蜡嘴雀

英文名	拉丁名	居留型	保护级别	IUCN
Chinese Grosbeak	*Eophona migratoria*	留	三有	LC

【形态特征】体型略大（15～18 cm），雌雄相近。喙深黄色，尖端黑色；虹膜褐色。雄鸟：头部有大型黑色头罩，延伸到耳羽后；后枕、颈、喉部浅灰色；肩背羽毛和翼上覆羽棕褐色；翼上大覆羽及飞羽黑色，有白色羽端；初级飞羽白色区域较大；腰及尾上覆羽灰色；胸腹灰色；两胁橙色；黑色尾羽叉形。雌鸟：头部灰色；额、眼先、眼周色较黑；翼上羽毛白色区域较少；尾羽颜色较浅。跗跖及趾黄褐色。

【生活习性】栖息于低海拔林地，非繁殖期会集大群活动。

（左上图雌 刘德山；右上图雄 喻晓安；下图雄 刘德山）

黑头蜡嘴雀

英文名	拉丁名	居留型	保护级别	IUCN
Japanese Grosbeak	*Eophona personata*	冬、旅	三有	LC

【形态特征】 体型大（20～24 cm），雌雄近色。喙大，黄色；虹膜深褐色。雄鸟：头顶、喙基黑色，黑色区域较黑尾蜡嘴雀小；颈、肩、背、腰、胸、腹、尾下覆羽灰色；腰部色浅；飞羽和初级大覆羽黑色，次级飞羽尖端白色；尾羽黑色，浅叉形。雌鸟：眼先、过眼纹和喙基黑色；体色褐色较重；翼上有两道黄色翼斑。跗跖及趾粉褐色。

【生活习性】 栖息于中低海拔的山林，繁殖于西伯利亚、中国东北到朝鲜、日本一带，在华东地区和南方越冬。

（左上图 喻晓安；右上图 喻晓安；下图 喻晓安）

普通朱雀

英文名	拉丁名	居留型	保护级别	IUCN
Common Rosefinch	*Carpodacus erythrinus*	留	三有	LC

【形态特征】 体型略小（13～15 cm），雌雄异色。喙灰色；虹膜深褐色。雄鸟：头、颈、胸、背、腰红色；有黑色过眼纹；耳羽白色；腹部白色；翼上羽毛黑色，有红色羽缘；尾羽黑色。雌鸟：灰褐色；有白色眉纹；翼上有浅色翼斑。跗跖及趾近黑色。

【生活习性】 生活在中高海拔山地森林，冬季垂直迁徙到低海拔的阔叶林、灌丛。

（左上图雌 傅伟；右上图雌 刘德山；下图雌 刘德山）

酒红朱雀

英文名	拉丁名	居留型	保护级别	IUCN
Vinaceous Rosefinch	*Carpodacus vinaceus*	留	三有	LC

【形态特征】　体型小（15 cm），整体深色。喙浅黄色；虹膜褐色。雄鸟：全身绯红色；腰色较淡，眉纹及三级飞羽羽端浅粉色；较其他朱雀色深。雌鸟：呈橄榄褐色而具深色纵纹；三级飞羽羽端浅皮黄色。跗跖及趾褐色。

【生活习性】　栖息于海拔2000～3400 m的山坡竹林及灌丛。单独或结小群活动，常近地面，可长时间静立不动。

（左上图雌　段海生；右上图雌　段海生；下图雄　段海生）

金翅雀

英文名	拉丁名	居留型	保护级别	IUCN
Oriental Greenfinch	*Chloris sinica*	留	三有	LC

【形态特征】 体型小（12 ～ 14 cm），雌雄相近。雄鸟：喙偏粉色；虹膜深褐色；头及颈背青灰色；额及眼先色深；背部、翼上覆羽及下体褐色；飞羽黑色并有白色边缘，翼上各有一个大型金黄色翼斑；尾下覆羽黄色；尾羽黑色，外侧尾羽基部黄色。雌鸟：喙灰褐色；头灰色；胸腹颜色较灰，有灰褐色斑点组成的纵纹。跗跖及趾褐色。

【生活习性】 栖息于森林、山林的林缘地带及灌丛等环境，喜集群活动，飞行时可见金黄色翼斑。

（左上图 刘德山；右上图 段海生；下图 段海生）

黄雀

英文名	拉丁名	居留型	保护级别	IUCN
Eurasian Siskin	*Spinus spinus*	冬	三有	LC

【形态特征】 体型小（11～12 cm），雌雄相近。喙偏粉色；虹膜深褐色。雄鸟：头顶和颏黑色；眉纹、颈背、胸部黄色；肩背黄绿色；腰黄色；两翼、两胁及尾下覆羽有黑色纵纹；尾羽黑色，呈叉形，外侧尾羽有黄色边缘。雌鸟：头部颜色浅，主要为黄绿色，有黄色眉纹。跗跖及趾近黑色。

【生活习性】 栖息于中低海拔的林地，较活跃，非繁殖期集群活动，树栖性。

（左上图雄　刘德山；右上图雌　刘德山；下图雌　刘德山）

栗耳鹀

英文名	拉丁名	居留型	保护级别	IUCN
Chestnut-eared Bunting	*Emberiza fucata*	旅、冬	三有	LC

【形态特征】　体型中等（14～16 cm），雌雄相近，雌鸟色彩较雄鸟浅。雄鸟：上喙黑色，具灰色边缘，下喙蓝灰色，基部带粉色；虹膜深褐色；顶冠灰色，有黑色细纹；有浅色眉纹；脸部为栗红色；颊纹白色；髭纹黑色，与喉部粗重的黑色斑纹相连；喉沾黄色；背部羽毛有粗的黑色条纹；胸部有栗色胸带，胸带下及两胁褐黄色，有黑色细纵纹；腹部色浅；翼上羽毛褐色，多黑色斑点；尾羽黑色，外侧尾羽有白色边缘。雌鸟：头顶褐色，眉纹和颊纹皮黄色，无栗色胸带。跗跖及趾粉色。

【生活习性】　在低山平原的林缘地带或灌丛活动，也会出现在农田和村庄附近。

（左上图　魏斌；右上图　王晓谦；下图　王晓谦）

三道眉草鹀

英文名	拉丁名	居留型	保护级别	IUCN
Meadow Bunting	*Emberiza cioides*	留	三有	LC

【形态特征】 体型较大（15～18 cm），雌雄相近。上喙深灰色，下喙蓝灰色而尖端黑色；虹膜深褐色。雄鸟：头顶栗红色；具粗的白色眉纹，后延至枕部；眼先黑色；眼后到耳羽栗色；颊纹白色；髭纹黑色；喉白色；胸和腰栗色。雌鸟：颜色较雄鸟浅；头顶、耳羽均为棕褐色；眉纹皮黄色；眼先色浅；过眼纹褐色；颊纹和喉沾黄色；髭纹灰褐色；胸和腰淡棕褐色。雌雄鸟背部羽毛有黑色纵纹，翼上羽毛有褐色羽轴和浅色边缘；肩羽为大块灰色；尾羽褐色，有白色羽缘和黑色次羽缘。跗跖及趾褐黄色。

【生活习性】 栖息于平原、丘陵的林缘地带，是典型的灌丛栖息鸟类。繁殖期雄鸟常在枝头或者电线上持续鸣叫。

（左上图 段海生；右上图 段海生；下图 王晓谦）

黄喉鹀

英文名	拉丁名	居留型	保护级别	IUCN
Yellow-throated Bunting	*Emberiza elegans*	冬、旅	三有	LC

【形态特征】 体型中等（15 ～ 16 cm），雌雄相近。雄鸟：喙近黑色，喙基黄褐色；虹膜深褐色；顶冠黑色，高耸形成凤头；眉纹在前额处为白色，后为黄色，至枕部复为白色；过眼纹和脸颊及耳羽部分形成大块黑色斑，耳羽位置有白色斑点；喉黄色；胸有大块黑色斑点。雌鸟：整体褐色，顶冠高耸形成凤头；眉纹黄色；过眼纹黑色，与之相连的颊纹黑色；眼下到耳羽部分褐色，耳羽位置有白色斑点；下颊纹白色，髭纹为细的褐色条纹；喉部黄色，有棕色纵纹；胸部无黑色斑纹，有棕褐色细密的纵纹。雌雄鸟肩背均为褐色，具有黄色、黑白色纵向条纹；腹部白色，两胁有粗的纵向棕栗色斑点；尾下覆羽白色，尾羽黑色。跗跖及趾灰褐色。

【生活习性】 繁殖于森林、林间灌丛，喜在林缘、草地、开阔地觅食。繁殖期成对活动，越冬及迁徙时集大群，常隐蔽于灌丛、高草丛、林地。

（左上图雌 刘德山；右上图雄 段海生；下图雄 喻晓安）

红颈苇鹀

英文名	拉丁名	居留型	保护级别	IUCN
Japanese Reed Bunting	*Emberiza yessoensis*	冬	三有	NT

【形态特征】 体型小（13～15 cm），雌雄近色。喙近黑色；虹膜深栗色。繁殖羽：头部黑色，颈部有浅色带；后颈、背到尾上覆羽红棕色；肩羽灰色；翼上羽毛有黑色和褐色组成的条状斑纹；胸部到两胁褐色；腹部到尾上覆羽白色；尾羽有黑色和褐色条纹，两侧尾羽有白色边缘。非繁殖羽和雌鸟：顶冠灰褐色；眉纹皮黄色，脸部到耳羽褐色；下颊纹白色，髭纹黑色，喉白色。跗跖及趾粉色。

【生活习性】 栖息于邻近湿地的低山灌丛、湿生草甸或芦苇沼泽等，集小群活动。

（左上图 吴春红；右上图 吴春红；下图 喻晓安）

苇鹀

英文名	拉丁名	居留型	保护级别	IUCN
Pallas's Reed Bunting	*Emberiza pallasi*	冬	三有	LC

【形态特征】 体型小（13～15 cm），雌雄近色。繁殖羽：喙灰黑色；虹膜深栗色；头部黑色；髭纹白色，向下延伸和白色颈环相连；喉有大型黑色斑点；背羽褐色，有黑色纵纹；肩羽灰色；翼上覆羽褐色，有白色羽缘；飞羽褐色，有黑色斑纹；下体色浅，两胁棕褐色。非繁殖羽雄鸟和雌鸟：上喙灰黑色，下喙黄褐色；顶冠纹灰白色，侧冠纹棕褐色，眉纹皮黄色，黑色的过眼纹和颊纹相连；脸部棕褐色，下颊纹白色，有短的黑褐色髭纹；喉白色；肩羽灰色，两胁有黑色条状斑纹。跗跖及趾浅褐色。

【生活习性】 栖息于沼泽及溪流边的芦苇丛或灌丛，常抓握苇茎张望。

（左上图繁殖羽 王晓谦；右上图繁殖羽 王晓谦；下图非繁殖羽 段海生）

黄胸鹀

英文名	拉丁名	居留型	保护级别	IUCN
Yellow-breasted Bunting	*Emberiza aureola*	旅	国家一级	CR

【形态特征】 体型中等（14～16 cm），雌雄近色。上喙黑色，下喙褐色；虹膜深褐色。雄鸟繁殖羽：脸部黑色；头顶到颈部栗色并与栗色颈圈相连，栗色颈圈上有一道亮黄色横斑；胸腹部羽毛黄色，两胁有黑色纵纹；背部羽毛灰褐色，有几道黑色纵纹；飞羽褐色，小覆羽栗色，中覆羽灰色并形成大型肩斑，大覆羽栗色，有灰色羽缘，形成一道灰色翼斑。雌鸟：色彩较浅；顶冠纹黄色，侧冠纹深褐色；眉纹黄色，黑色过眼纹和黑色颊纹相连，脸部褐色；下颊和喉部黄色；髭纹由深褐色细纹组成，背部羽毛为褐色；腹部羽毛黄色较雄鸟浅。跗跖及趾淡褐色。

【生活习性】 活跃于高草丛、灌丛、农田、芦苇丛等地。喜集群迁徙，也因此易被大量捕捉，数量急剧下降，目前已被 IUCN 列为极危（CR）物种。

（左上图繁殖羽雌 王晓谦；右上图繁殖羽雄 王晓谦；下图非繁殖羽雌 赵学迅）

田鹀

英文名	拉丁名	居留型	保护级别	IUCN
Rustic Bunting	*Emberiza rustica*	冬	三有	VU

【形态特征】 体型中等（13～15 cm），雌雄相近。喙深灰色，喙基粉色；虹膜深褐色；顶冠黑色，耸起形成凤头；眉纹白色，较宽，过眼纹黑色。雄鸟眼下到耳羽部分为黑色；雌鸟为灰褐色，并有和过眼纹相连的细的黑色颊纹；耳部有一白色斑点；下颊纹白色；雄鸟髭纹棕栗色，与颈环相连，雌鸟髭纹灰褐色；喉白色；枕部、颈部和颈环相连，呈棕栗色；两胁有粗的栗色纵纹；羽上小覆羽黄褐色，中覆羽黑色，有白色羽缘，大覆羽外翈黑色，内翈褐色，羽端白色；飞羽褐色；腰部羽毛具棕栗色、粗大的、鱼鳞状斑点；胸腹部及尾下覆羽白色；尾羽黑色，外侧尾羽有白色边缘。跗跖及趾偏粉色。

【生活习性】 喜有疏林的草地、农田等开阔地。常集小群，在地面活动。

（左上图 段海生；右上图 王晓谦；下图 段海生）

小鹀

英文名	拉丁名	居留型	保护级别	IUCN
Little Bunting	*Emberiza pusilla*	冬	三有	LC

【形态特征】 体型小（11～14 cm），雌雄同色。喙深灰色；虹膜红褐色；顶冠纹栗色，侧冠纹黑色；眉纹皮黄色；过眼纹黑色；眼下到耳羽栗红色，有一明显的白色斑点；颊纹黑色，下颊纹皮黄色；髭纹黑色；喉白色；上体棕褐色，有黑色纵纹；下体白色；胸口及两胁有黑色纵纹；两翼羽毛棕褐色，有一道白色翼斑及黑色斑点。跗跖及趾红褐色。

【生活习性】 从平原到低山地带都可以见到，活动于山林、高草地或农田。喜集群，在地面觅食。

（左上图 吴春红；右上图 吴春红；下图 吴春红）

灰头鹀

英文名	拉丁名	居留型	保护级别	IUCN
Black-faced Bunting	*Emberiza spodocephala*	冬、旅	三有	LC

【形态特征】体型小（13.5～16 cm），雌雄异色。上喙近黑色，有浅色边缘，下喙偏粉色，端部黑色；虹膜深栗色。雄鸟：头部灰色，顶部高耸成凤头；肩背及翼上羽毛褐色，有黄色、黑色条纹；胸腹黄色，两胁有黑色斑纹。雌鸟：头部有明显的纹理，凤头不明显。跗跖及趾粉褐色。

【生活习性】繁殖于海拔 600 m 以上的林地、林间灌丛，常在林缘活动。非繁殖期见于各类环境，尤其喜欢湿地。

（左上图雄 段海生；右上图雌 王晓谦；下图雌 喻晓安）

黄眉鹀

英文名	拉丁名	居留型	保护级别	IUCN
Yellow-browed Bunting	*Emberiza chrysophrys*	旅、冬	三有	LC

【形态特征】 体型中等（13～17 cm），雌雄相近。喙粉色，喙锋及下喙尖端黑色；虹膜深褐色；头部具白色顶冠纹，宽的黑色侧冠纹；眉纹粗，前端黄色，后端白色；过眼纹黑色；雄鸟脸颊到耳羽黑色，雌鸟灰褐色；耳部有一白色斑点；颊纹黑色，与过眼纹相连，下颊纹白色，与眉纹相连；髭纹黑色；喉白色；雄鸟胸部有和髭纹相连的黑色纵纹，雌鸟则为褐色；上体羽毛灰褐色，有黑色纵纹，小覆羽和中覆羽有白色羽端；尾羽黑褐色，外侧尾羽有白色边缘。跗跖及趾粉色。

【生活习性】 繁殖于林地的灌丛，喜湿地，常在疏林底部、灌丛活动。

（左上图雌 喻晓安；右上图雌 段海生；下图雄 刘德山）

白眉鹀

英文名	拉丁名	居留型	保护级别	IUCN
Tristram's Bunting	*Emberiza tristrami*	冬、旅	三有	LC

【形态特征】 体型中等（13～16 cm），雌雄相近。雄鸟：头部为黑白两色；上喙灰蓝色，下喙偏粉色；虹膜深褐色；顶冠纹白色，侧冠纹黑色；眉纹白色；脸部黑色；耳后有一白色斑点；颊纹白色；喉黑色；颈、背、胸、尾上覆羽栗色；胸及两胁栗褐色，有黑色条纹；尾下覆羽白色；尾羽黑栗两色，外侧尾羽外翈白色。雌鸟：顶冠纹、眉纹和颚纹皮黄色；脸褐色；喉部棕褐色，具黑色纵纹。跗蹠及趾浅褐色。

【生活习性】 栖息于海拔 500～1200 m 的低山林地，在林间地面集群觅食。性隐蔽，极少在开阔地行动。

（左上图雌 刘德山；右上图雄 刘德山；下图雄 王晓谦）

中文名索引

拉丁名索引

参 考 文 献

[1] 赵欣如，卓小利，蔡益.中国鸟类图鉴 [M].太原：山西科学技术出版社，2015.

[2] 郑光美.中国鸟类分类与分布名录 [M].4 版.北京：科学出版社，2023.

[3] 约翰·马敬能.中国鸟类野外手册：马敬能新编版（上下册）[M].李一凡，译.北京：商务印书馆，2022.

[4] 刘阳，陈水华.中国鸟类观察手册 [M].长沙：湖南科学技术出版社，2021.

[5] 宋晔，闻丞.中国鸟类图鉴（猛禽版）[M].福州：海峡书局，2016.

[6] 颜军.武汉鸟类图鉴 [M].武汉：湖北科学技术出版社，2020.

[7] 氏原巨雄，氏原道昭.鸭类识别图鉴 [M].李一凡，刘雨邑，林晨，等译.长沙：湖南科学技术出版社，
    2022.

[8] 郑光美.鸟类学 [M].2 版.北京：北京师范大学出版社，2012.

[9] 多米尼克·卡曾斯.鸟类行为图鉴 [M].何鑫，程翀欣，译.长沙：湖南科学技术出版社，2020.

[10] 鲁长虎，费荣梅.鸟类分类与识别 [M].哈尔滨：东北林业大学出版社，2003.

[11] 樋口广芳.鸟类的迁徙之旅：候鸟的卫星追踪 [M].关鸿亮，华宁，周璟男，译.上海：复旦大学出版社，
    2010.

[12] 丁平，陈水华.中国湿地水鸟 [M].北京：中国林业出版社，2008.

[13] 马建章.中国野生动物保护实用手册 [M].北京：科学技术文献出版社，2002.

[14] 杨岚.中国雉类：白腹锦鸡 [M].北京：中国林业出版社，1992.

[15] 李明璞，李云飞.湖北网湖湿地自然保护区野生鸟类图鉴 [M].武汉：湖北科学技术出版社 2022.

[16] 雷进宇，张立影，张叔勇，等.湖北鸟类种数的新统计 [J].四川动物，2012，31(6):987–991.

[17] 何定富，刘家武，刘胜祥，等.湖北省湿地鸟类初步研究 [J].华中师范大学学报（自然科学版），2001，
    35(2):196–202.

[18] 王中裕，王琦，毛治彦，等.汉江流域鸭科鸟类的调查 [J].四川动物，2008，27(1):85–86，91.

[19] 李涛.陕西汉江流域冬季水鸟群落多样性与分布格局 [D].西安：陕西师范大学，2011.

[20] 曹国斌，罗理芳.湖北猛禽资源现状分析 [J].湖北林业科技，2013，42(4):50–52.

[21] 陈金良，高新章，张军，等.湖北省鸟类新记录——仙八色鸫 [J].湖北林业科技，2011(4):77.

[22] 陈韬.湖北武汉发现红胸姬鹟 [J].四川动物，2017，36(3):324.

[23] 成水平，罗莎，胡鸿兴，等.武汉湿地水鸟多样性特征及其与几种生境因子的关系 [J].华中师范大学学报（自
    然科学版），2009，43(3):456–462.

[24] 戴宗兴，吴法清，何定富，等.湖北省鸟类 1 新纪录 [J].华中师范大学学报（自然科学版），2001，
    35(4):464.

[25] 丁平，张正旺，梁伟，等.中国森林鸟类 [M].长沙：湖南科学技术出版社，2019.

[26] 葛继稳，蔡庆华，胡鸿兴，等.湖北省珍稀濒危保护水禽物种多样性及种群数量 [J].长江流域资源与环境，
    2005，14(1):50–54.

[27] 耿栋，李振文.湖北发现水鸟新记录种——白胸翡翠 [J].野生动物，2004，25(3):45.

[28] 郭俊峰.陕西宁陕朱鹮（*Nipponia nippon*）再引入种群的稚后扩散和栖息地利用 [D].西安：陕西师范大学，2012.

[29] 何小芳，吴法清，周巧红，等.武汉沉湖湿地水鸟群落特征及其与富营养化关系研究 [J].长江流域资源与环境，2015，24(9):1499–1506.

[30] 黄志远，王晶，刘晨，等.湖北排湖湿地自然保护区冬季鸟类资源多样性初步研究 [J].华中师范大学学报（自然科学版），2010，44(2):301–305，310.

[31] 康洪莉.武汉沉湖湿地鸟类群落与生境之关系及保护研究 [D].武汉：武汉大学，2005.

[32] 雷进宇，张叔勇.湖北武汉发现长嘴半蹼鹬 [J].动物学杂志，2014，49(4):527.

[33] 刘家武，何定富，戴宗兴，等.湖北省鸟类新记录——叉尾太阳鸟 [J].湖北林业科技，2004(2):44.

[34] 楼利高，后兴国，朱兆泉，等.湖北上涉湖湿地自然保护区冬季鸟类物种多样性 [J].林业调查规划，2009，34(5):57–61.

[35] 楼利高，刘家武，舒实，等.湖北沙湖湿地自然保护区秋季鸟类物种多样性 [J].林业调查规划，2008，33(5):44–47.

[36] 罗磊，赵洪峰，高学斌，等.陕西水鸟的地理分布 [J].四川动物，2008，27(4):579–584.

[37] 罗祖奎.湖北沙湖鸟类群落多样性分析及栖息地评价 [D].武汉：华中师范大学，2007.

[38] 马志广，段成，刘家武.湖北省鸟类新纪录——黑头奇鹛 [J].四川动物，2012(3):410.

[39] 马志军，陈水华.中国海洋与湿地鸟类 [M].长沙：湖南科学技术出版社，2018.

[40] 孙承骞，王万云，徐振武，等.陕西省鸟类调查初报 [J].动物分类学报，2007，32(4):993–995.

[41] 田宁朝.陕西秦岭首次发现绿翅短脚鹎 [J].野生动物，2006，27(3):16.

[42] 王敏，李鹏琪，钟光谱，等.湖北省国家重点保护野生动物名录初探 [J].湖北林业科技，2021，50(3):43–52.

[43] 王琦，李春明，王杨科，等.汉江中上游湿地冬季水鸟资源调查 [J].氨基酸和生物资源，2012，34(4):59–62.

[44] 吴少斌.湖北网湖湿地自然保护区鸟类群落多样性的初步研究及水鸟栖息地评价 [D].武汉：华中师范大学，2005.

[45] 谢红钢，雷进宇，胡山林，等.湖北武汉发现彩鹬 [J].动物学杂志，2018，53(1):31.

[46] 许国权，段海生.湖北地区湿地鸟类分析 [J].江汉大学学报（自然科学版），2016，44(2):164–173.

[47] 颜军，彭光华，王妍.湖北发现小滨鹬和黄腹山鹪莺 [J].动物学杂志，2022，57(4):628，640.

[48] 张晓辉，徐基良，张正旺，等.河南陕西两地白冠长尾雉的集群行为 [J].动物学研究，2004，25(2):89–95.

[49] 植飞，谢红钢，颜军，等.武汉府河柏泉湿地鸟类资源初步调查 [J].武汉轻工大学学报，2020，39(5):21–28，64.

[50] 植飞，张虹旋，罗志平，等.湖北清江冬季中华秋沙鸭初步调查 [J].武汉轻工大学学报，2017，36(1):57–60，66.

[51] 周帆琦，沙茜，王述潮，等.武汉府河湿地鸟类多样性研究 [J].华中师范大学学报（自然科学版），2022，56(6):970–983.